185가지 화려한 젤 디자인

젤 네일아트의 모든 것

[응용편]

185가지 화려한 젤 디자인
젤 네일아트의 모든 것 – 기초편과 응용편

초판 1쇄 2013년 4월 5일
초판 3쇄 2013년 8월 16일

지은이 여정순 김수현 문경민

편집 아름다운 책들
아트 디렉터 박지은
기획 편집 고현정 이영애
디자인 미스터빈 신민아 송혜교

펴낸이 김유경
펴낸곳 고슴도치

출판등록 1999년 9월 14일 제10-1776호
주소 경기도 파주시 문발동 559번지 109-301
전화번호 070-4063-9358(편집) 070-4063-9357(마케팅) | 팩스 031-601-8132

도움을 주신 분들
LCN, 록시땅 코리아, ㈜리안뷰티콜렉션 이선우 대표이사님, 반디, 부브코리아, 아이스젤, ㈜위즈영 고나영 대표님,
켄지코 네일, ㈜케이앤아이뷰띠앙 강현 대표님, 허바신 관계자 여러분 협찬해 주셔서 감사합니다.

이 도서의 국립중앙도서관 출판시도서목록(CIP)은 e-CIP홈페이지(http://www.nl.go.kr/ecip)와 국가자료공동목록시
스템(http://www.nl.go.kr/kolisnet)에서 이용하실 수 있습니다. (CIP제어번호 : CIP2013001384)

ISBN 978-89-89315-39-1

값 22,000원

*잘못 만들어진 책은 구입하신 서점에서 바꿔드립니다.

185가지 화려한 젤 디자인

젤 네일아트의 모든 것

[응용편]

차 례 응용편

기초편은
뒤로 돌려보십시오

Nail & Gel Basic

Chapter 0

Basic Art

Chapter 1
프 렌 치

Chapter 2
그 러 데 이 션

Chapter 3
레 오 퍼 드

Chapter 4
지 브 라

Chapter 5
도 트

GEL Technique

Gel Cafe

Artist

Chapter 0

프로를 위한 젤 테크닉 ^{Gel Pro;}

젤 네일아트 프로가 되기 위해 알아야할 것들.

저자가 추천하는 젤 아트 브랜드

부브

AI 메탈릭 젤

일본의 우수한 젤 기술력을 바탕으로 만들어진 부브의 젤 시리즈 중 2013년 새롭게 출시된 AI 메탈릭 젤은 메탈의 느낌을 그대로 표현할 수 있는 제품. 총 20종의 다채로운 메탈 컬러는 한번의 터치만으로 컬러 표현이 탁월하고 고운 입자감으로 부드럽게 발리는 것이 특징이다. 7ml 2만8000원.

화려한 메탈릭 아트를 즐기는 사람들에게 적극 추천하고 싶은 제품이에요.

반디

젤리끄

젤리끄는 바쁜 직장 여성들도 집에서 간단하게 홈케어가 가능한 젤 시스템이다. 베이스, 컬러링, 탑 코트, 건조 등의 기본적인 젤 케어를 단 3분 만에 완성할 수 있는 'Easy to Use System'을 제안한다. 또한 30초 만에 끝나는 큐어링 타임과 혼자서도 속오프가 가능한 네일 랩이 함께 구성되어 있다. 14ml 5만원.

혼자서도 3분 만에 기본적인 젤 케어가 가능한 획기적인 제품 라인이에요.

아이스젤

쥬시 스트롱

아이스젤의 히트 컬러들로 구성된 쥬시 스트롱 컬렉션은 밀착감이 뛰어나고 발색력이 우수한 젤 제품. 형광색 화장품 안료로 제작되어 컬러링을 비롯해 다양한 아트가 가능하고 유연성이 좋아 컬러가 깨지지 않는 오랜 지속력을 자랑한다. 쥬시 스트롱 컬렉션은 '쥬시 칵테일' '스트롱 컬러 젤' '스트롱 블랙 & 화이트' '스트롱 펄 시리즈' 등으로 구성되어 있다. 쥬시 칵테일은 3g 3만1000원. 스트롱 컬러 젤, 스트롱 블랙 & 화이트, 스트롱 펄 시리즈는 각 7g 6만원.

여성스럽고 귀여운 마블이나 프렌치 젤 아트 스타일을 연출하기 좋아요.

루벤스

젤 폴리시

젤 폴리시는 조금만 사용해도 선명한 컬러감이 돋보이는 제품. 큐어링 타임의 감소, 반짝거림의 광택이 장시간 지속되는 기능을 접목시켜 고급스러운 젤 아트 연출이 가능하다. 총 100여 가지 이상의 컬러를 선보이는 젤 폴리시는 바르면 바를수록 컬러의 느낌이 살아나는 특징을 가지고 있다. 15ml 5만원.

네일 에나멜을 바르는 것처럼 사용이 간편해 시술하기에 편리한 제품이에요.

폴리안

젤 라이너

젤 라이너는 기본 폴리시 아트 펜을 그대로 재현한 제품으로 손쉽게 아트 디자인을 그릴 수 있다는 점이 특징. 컬러가 마르는 동안 기다릴 필요가 없고 잘 지워지지 않아 초보자도 사용이 편리하다. 10ml 4만4000원.

메모리

젤웨어

한국적인 정서가 담긴 독특한 컬러들을 선보이는 메모리 젤웨어는 선명한 발색력과 뛰어난 광택감이 특징. 컬러를 그대로 대변하는 감각적인 용기에 총 100여 가지의 다양한 컬러를 담았다. 마치 폴리시를 바른 듯 자연스러운 컬러 연출로 국내뿐만 아니라 해외에서도 인기를 얻고 있는 제품. 13ml 4만원.

프렌즈

젤 톡

LED 램프로 5초 만에 큐어링이 가능한 제품인 젤 톡은 투명하고 맑은 컬러감을 자랑한다. 총 400여 이상의 다채로운 컬러를 갖추고 있으며 속오프 타입으로 퓨어 아세톤에 쉽게 제거되는 편리한 아이템. 여성스러운 장미 케이스가 돋보이는 제품으로 부드럽게 잘 발리는 네일 에나멜의 장점을 담았다. 14ml 5만원.

켄지코

젤리앙 카멜레온 젤 폴리시

주변 온도에 반응해 컬러가 카멜레온처럼 바뀌는 신개념 젤인 젤리앙 카멜레온 젤 폴리시. 체온에 따라 달라지는 컬러를 눈으로 확인할 수 있는 재미있는 제품으로 젤 마니아들로부터 주목을 받고 있다. 총 15가지 컬러들로 구성. 14ml 5만원.

브러시의 세계

젤 네일아트를 하는 데 있어서 기본적으로 필요한 도구는 젤 전용 브러시다. 물론 도구보다 실력이 먼저겠지만 훌륭한 도구가 실력을 더욱 빛나게 해주는 경우도 있지 않은가. 진정한 네일아티스트가 되고 싶다면 브러시의 종류와 특성을 완벽하게 파악하고 사용할 줄 아는 것은 기본!

부브

라운드 브러시
큐티클 가장자리까지 꼼꼼히 바를 수 있는 브러시로 얇고 고르게 퍼지는 특징이 장점. 2만7500원.

프렌치 브러시
정교한 아트 작업 시 사용하기에 적합한 나일론 브러시로, 탄력성과 유연성이 좋다. 2만7500원.

아트 브러시(S)
부드러운 발림성으로 힘 조절이 가능해 섬세한 라인부터 두꺼운 라인까지 그릴 수 있다. 2만7500원.

아트 브러시(M)
아트 작업 시 가장 많이 사용하는 브러시로, 다방면으로 폭넓게 쓰인다. 2만7500원.

스퀘어 브러시
브러시의 폭이 넓어 그러데이션을 연출할 때 효과적이다. 젤을 바를 때 브러시를 스치는 느낌으로 위에서 아래로 쓸어내리면서 사용한다. 2만7500원.

글로리

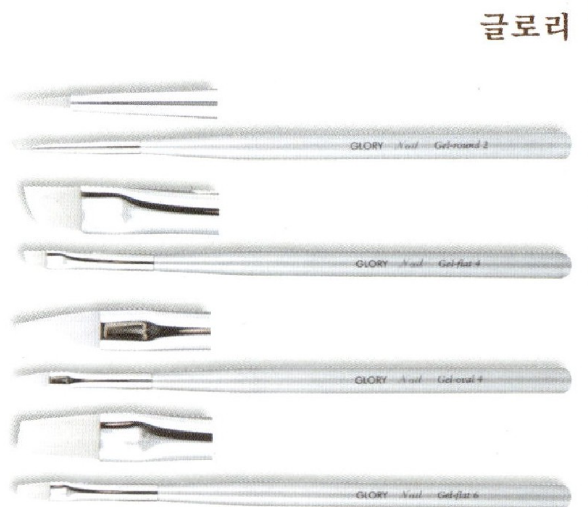

젤 브러시 세트
세필, 라운드, 사선, 오벌 등 다양한 종류로 알차게 구성된 젤 브러시 세트. 7만원.

엔퓨오

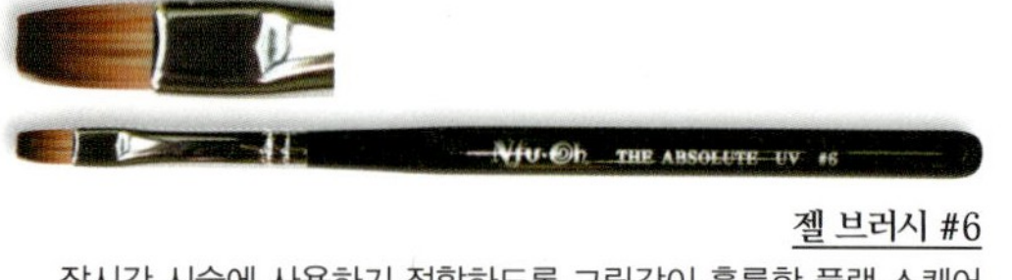

젤 브러시 #6
장시간 시술에 사용하기 적합하도록 그립감이 훌륭한 플랫 스퀘어 형태의 브러시. 3만8000원.

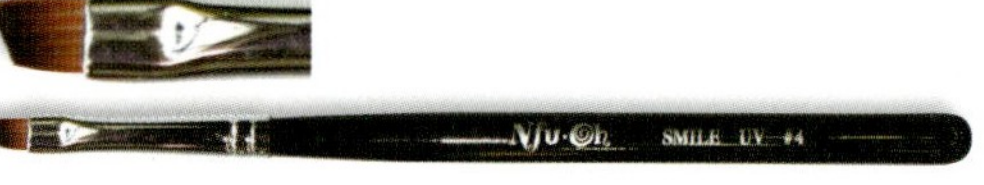

젤 브러시 #4
다양하게 쓰이는 납작한 사선 형태의 브러시. 3만원.

캔지코

매직 프리즘 젤 브러시
삼면을 모두 사용할 수 있는 입체적인 브러시 형태로
특히 큐티클과 프렌치 라인을 그릴 때 편리하다. 가격 미정.

슬래시 젤 브러시
브러시의 텐션이 좋아 그러데이션과
포크아트 작업 시 주로 사용된다. 가격 미정.

스퀘어 젤 브러시
탄력이 우수한 제품으로 컬러링 또는
젤 아트에 자주 사용된다. 가격 미정.

라운드 젤 브러시
큐티클과 프리 에지 부분까지
꼼꼼하게 바를 수 있는 형태의 브러시. 가격 미정.

세필 젤 브러시
정교한 라인을 그릴 때 반드시 필요한 아이템. 가격 미정.

반디

GF26
모가 부드러운 매끄러운 젤 아트 연출이 가능한
플랫 타입의 기본 브러시. 1만5000원.

GR57
세밀한 라인 또는 아트를 그릴 때 효과적인 세필 브러시. 1만원.

아이스젤

스쿨 브러시 세트
컬러링, 프렌치, 아트, 라인 등의 아트 작업 시
자주 사용되는 종류만으로 구성된 스쿨 브러시 세트. 6만원.

젤 폼 끼우기 Put on Gel Form

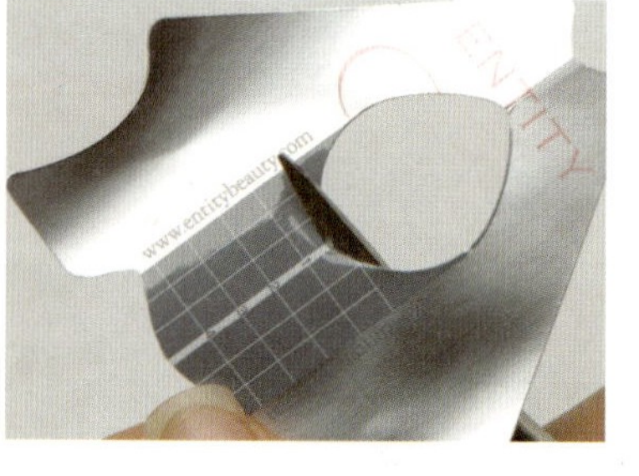

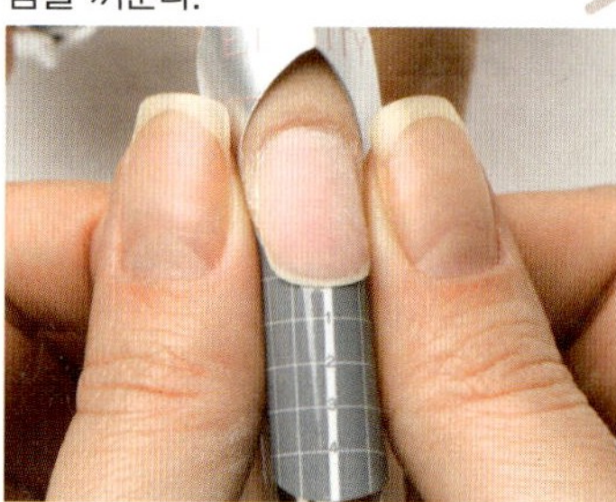

폼 뒷면에 종이를 붙인다. 1 >

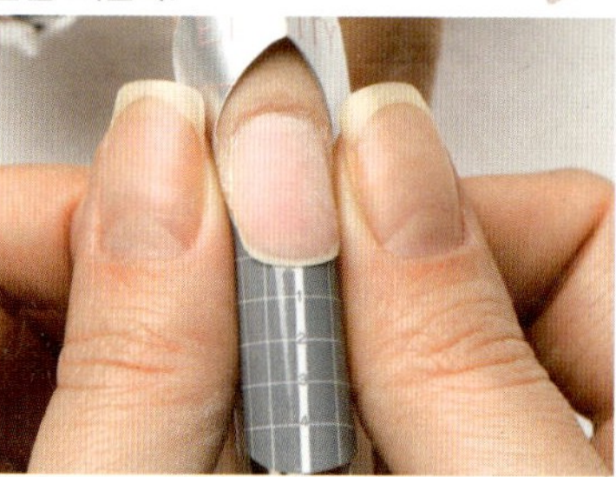

양쪽 엄지손가락을 이용해
폼의 커브를 잡아준다. 2 >

손톱 사이즈에 맞춰
폼을 재단한다. 3 >

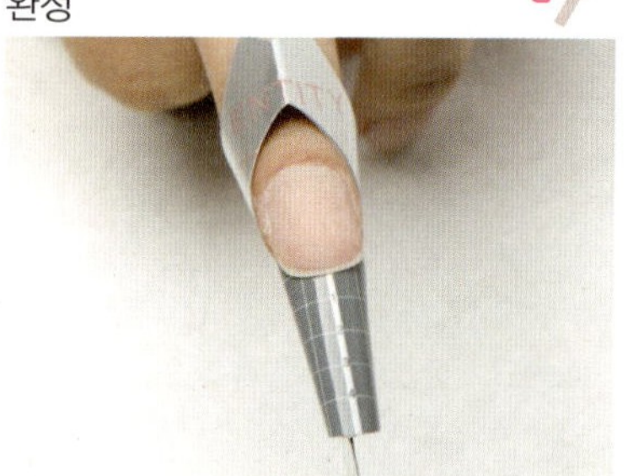

폼을 끼운다. 4 >

완성 5 /

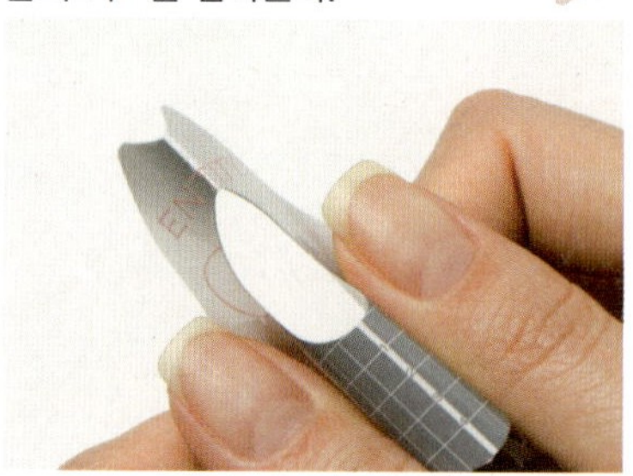

젤 익스텐션 Gel Extension

젤 익스텐션은
짧은 손톱의 길이를 젤을 이용해
길게 연장하는 작업이에요. 짧은 손톱을 가진 분들도
긴 손톱에 얼마든지 도전해볼 수 있는 테크닉이죠.
그 외에도 프로페셔널한 젤 아트를 표현할 때
자주 쓰이는 중요한 기법이기도 해요.

폼을 끼운 후 젤의
접착력을 높이기 위해
소량의 젤 본더를 바른다. 1>

베이스 젤을 바른 후
UV 램프에 1분간 큐어링한다. 2>

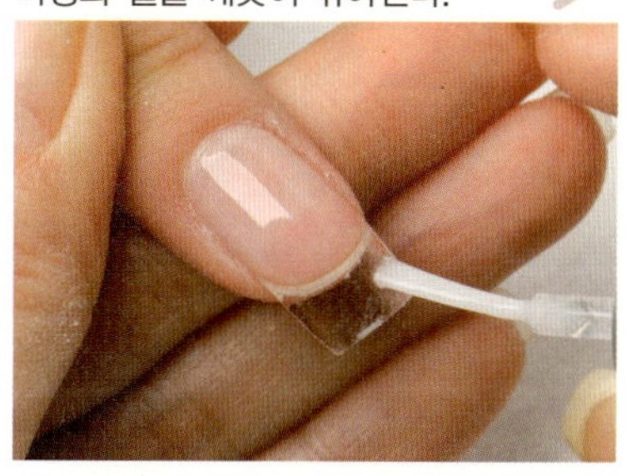

클리어 젤을 이용해
원하는 길이로 연장한 후
UV 램프에 1분간 큐어링한다. 3>

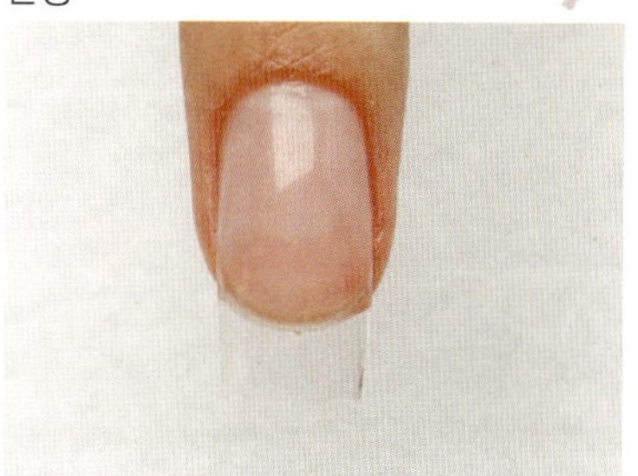

피부에 묻지 않도록
손톱의 사이드 부분에
클리어 젤을 꼼꼼히 올린 후
UV 램프에 1분간 큐어링한다. 4>

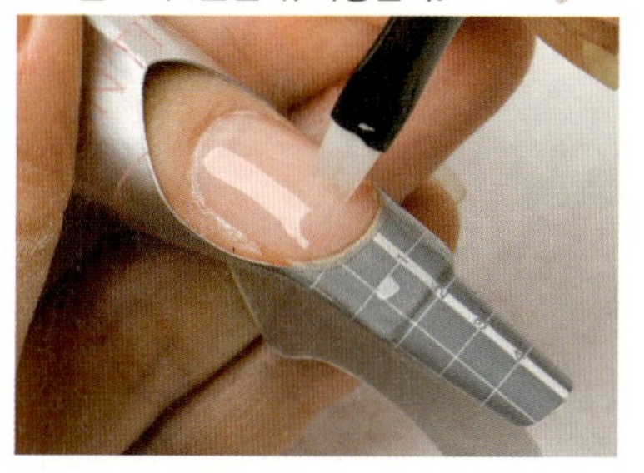

고른 표면과 두께를 위해
다시 한 번 클리어 젤을 올려준 후
UV 램프에 1분간 큐어링한다. 5>

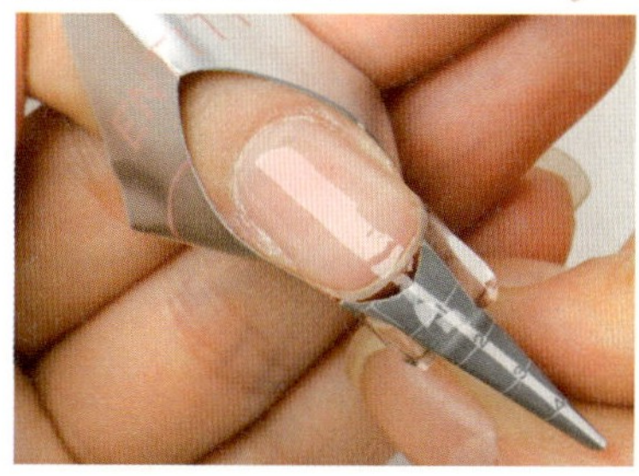

천천히 폼을 제거한다. 6>

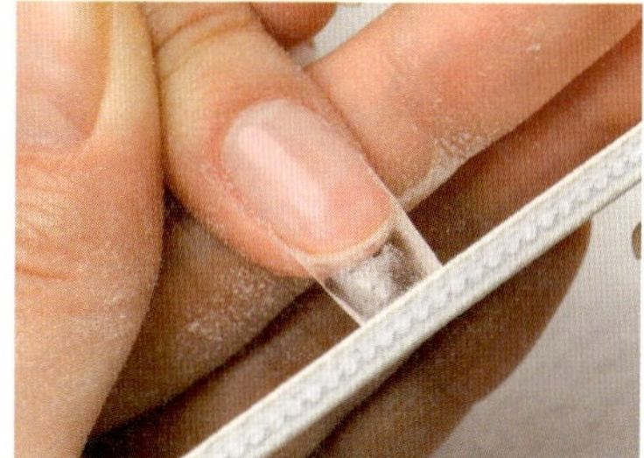

미경화 젤을 닦아낸 후
파일을 이용해 원하는 길이와
모양을 만든다. 7>

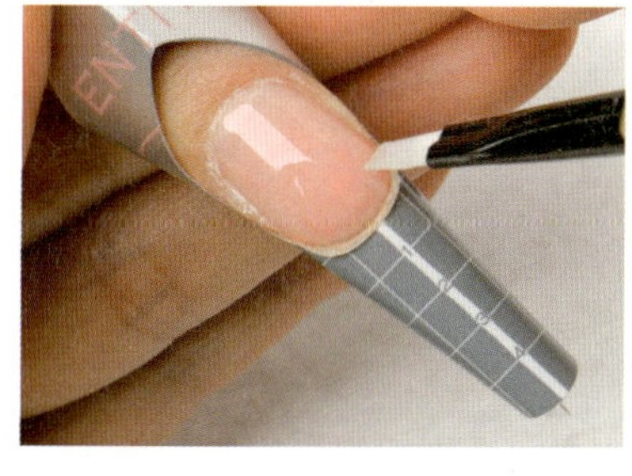

파일을 이용해 손톱 표면을
고르게 파일링한 후 샌딩 파일을
이용해 매끄럽게 정리해준다. 8>

탑 젤을 전체적으로 바르고
UV 램프에 1분간 큐어링한 후
미경화 젤을 깨끗이 닦아낸다. 9>

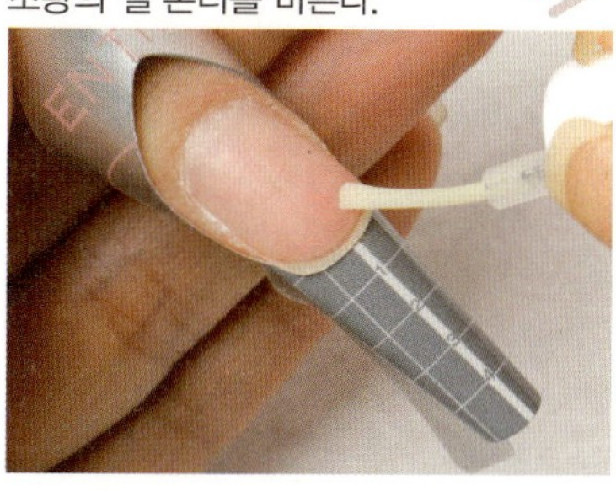

완성 10/

젤 팁 오버레이 Gel Tip Overlay

젤 팁 오버레이는 인조 팁을 이용해
손톱 길이를 연장하고 젤을 전체적으로
손톱처럼 자연스럽게 만들어주는 작업을 말해요.

프리퍼레이션 과정 후

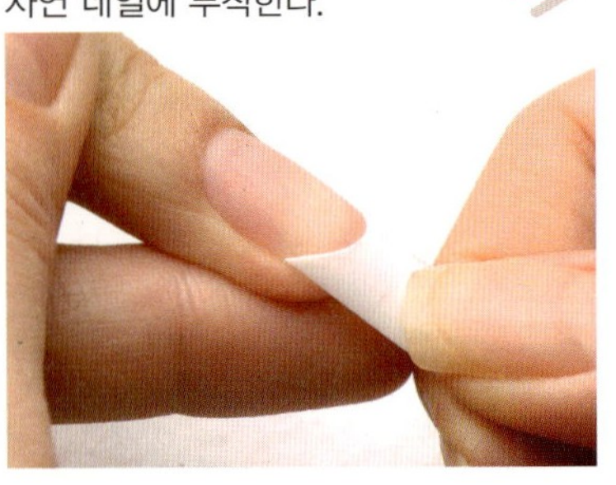

손톱 사이즈에 맞는 팁을 고른다.

접착제를 사용해
팁에 공기가 들어가지 않도록
자연 네일에 부착한다.

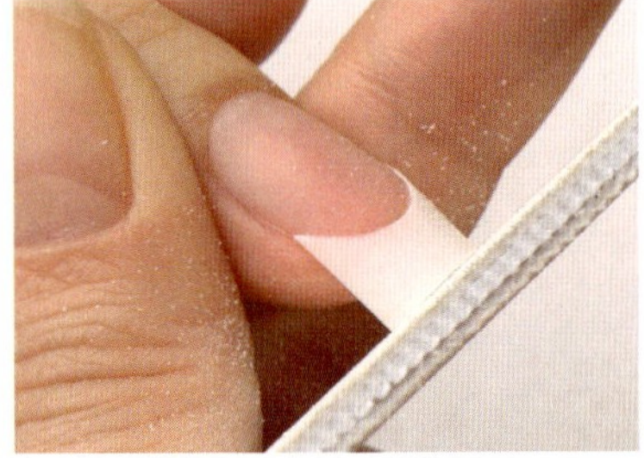

팁 커터를 이용해
원하는 길이만큼 자른다.

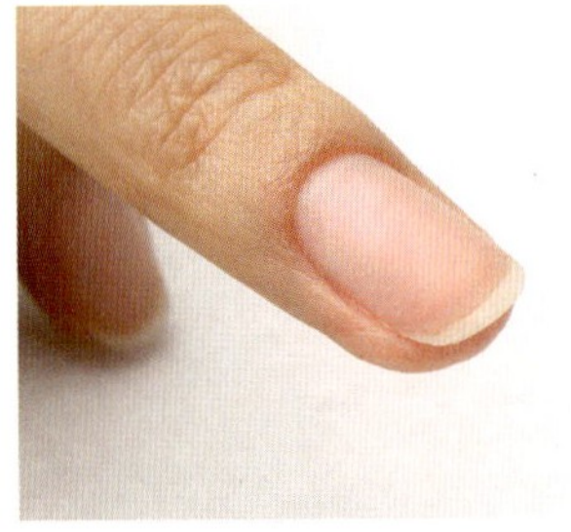

파일을 이용해 원하는 셰이프를
만들고 팁의 광택은 샌딩 파일을
이용해 제거한다.

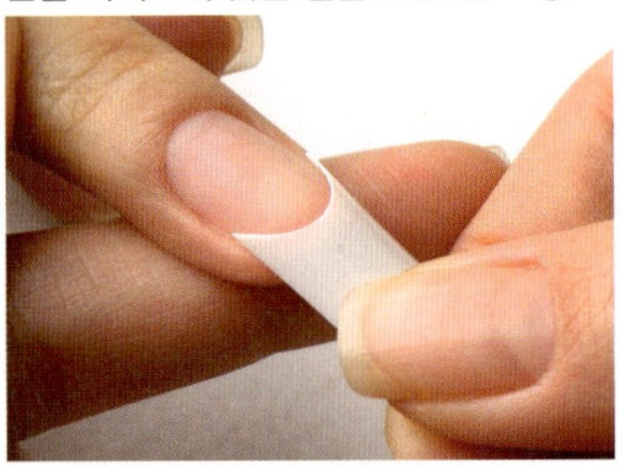

적당량의 클리어 젤을 떠서
기포가 생기지 않도록 주의하여
피부에 묻지 않게 올려준다.
큐티클 라인부터 천천히
팁 끝까지 감싸준다.
TIP 두께감을 만들어주기 위해 젤을
2~3회 반복적으로 올려주세요.

6 >

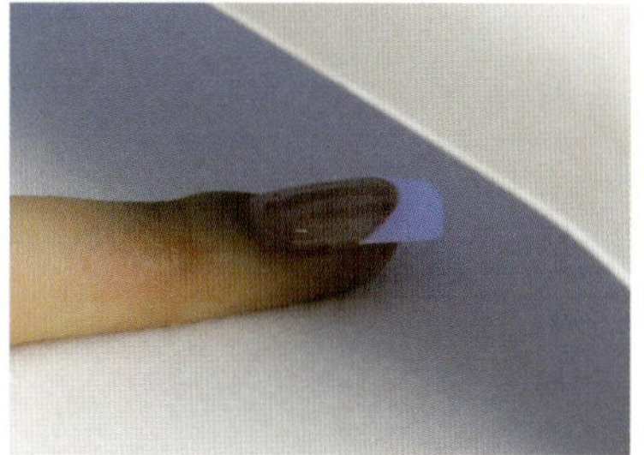

UV 램프에 1분간 큐어링한다.
TIP 손톱이 뜨겁다고 느껴지면
잠시 램프에서 꺼냈다 다시 큐어링 해주세요!

7 >

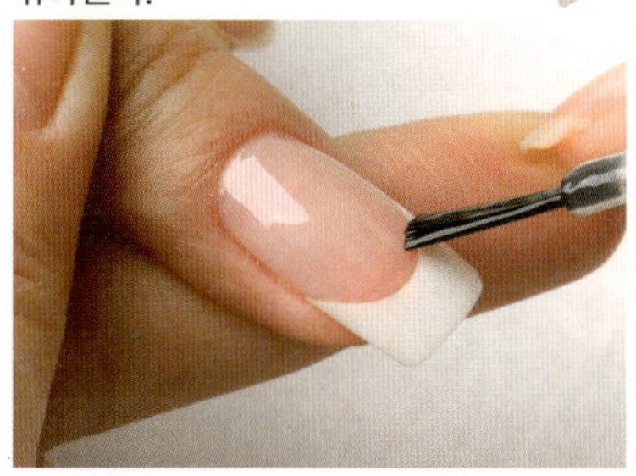

클렌저를 이용해 미경화 젤을
깨끗하게 닦아낸다.

8 >

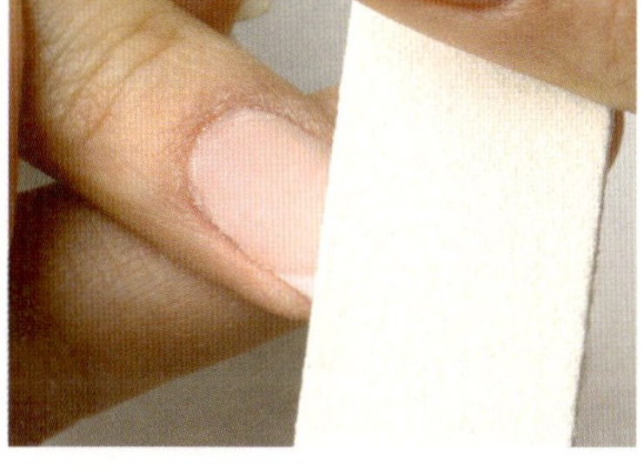

손톱 표면을 고르게
파일링한 후 샌딩 파일을 이용해
매끄럽게 정리해준다.

9 >

탑 젤을 전체적으로 바르고
UV 램프에 1분간 큐어링한 후
클렌저를 이용해 미경화 젤을
닦아낸다.

10 >

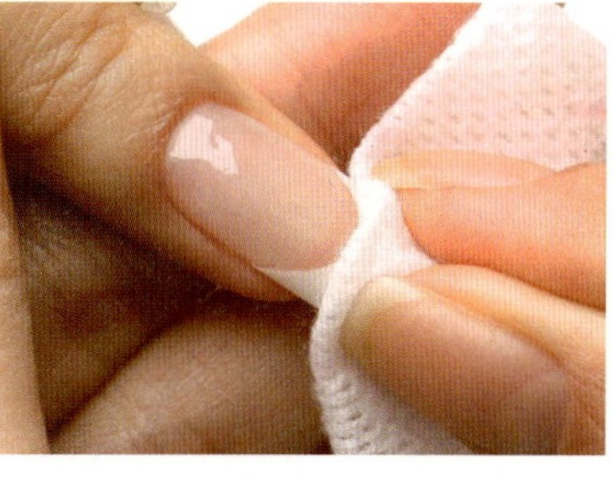

시술 후

11 /

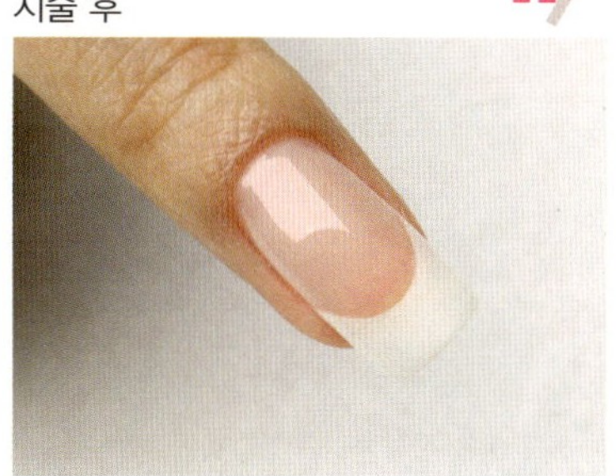

젤 필 인 Gel Fill In

시술 전

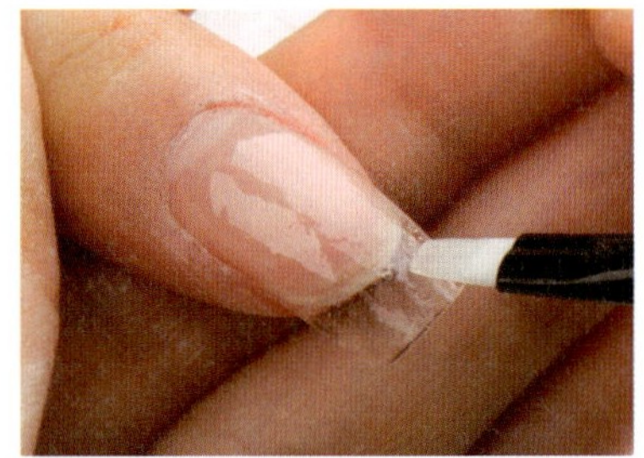
자라나온 턱이나 리프팅 된
부분을 파일을 이용해 갈아준 후
전체적으로 표면을 샌딩해준다.

새로 자라난 자연 네일 부분에
소량의 젤 본더를 바른 후
클리어 젤을 이용해 큐티클
라인까지 채워준다.

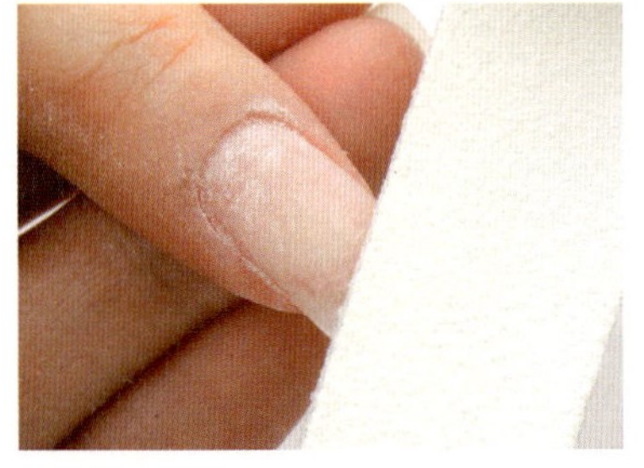
큐티클 라인과 자연스럽게
연결되도록 두께감을 주면서
아래쪽으로 쓸어내린 후
UV 램프에 1분간 큐어링한다.

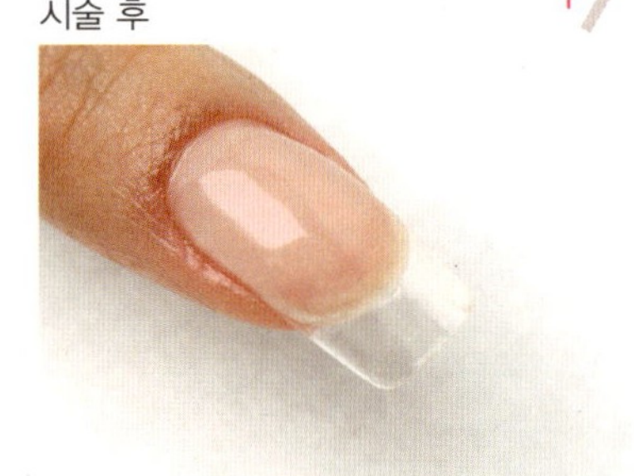
파일을 이용해 손톱 표면을
고르게 파일링한 후 샌딩 파일을
이용해 매끄럽게 정리해준다.

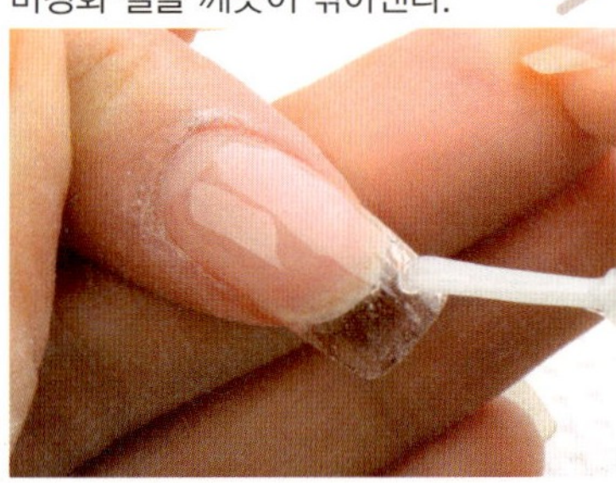
전체적으로 탑 젤을 바르고
UV 램프에 1분간 큐어링한 후
미경화 젤을 깨끗이 닦아낸다.

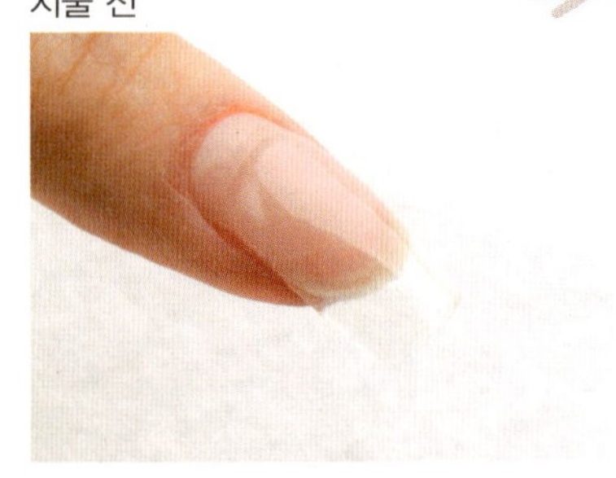
시술 후

젤 래핑 Gel Wrapping

1 ＞ 프리퍼레이션 과정 후

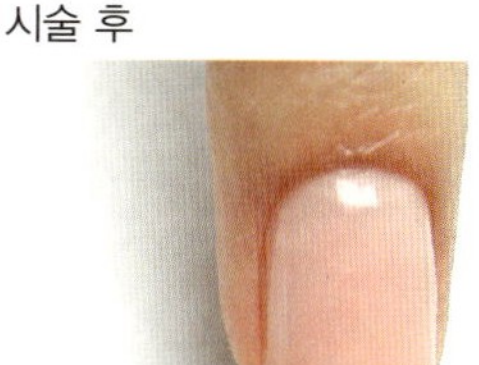

2 ＞ 클리어 젤을 기포가 생기지 않도록 손톱 크기에 맞춰 적당량을 떠낸다.

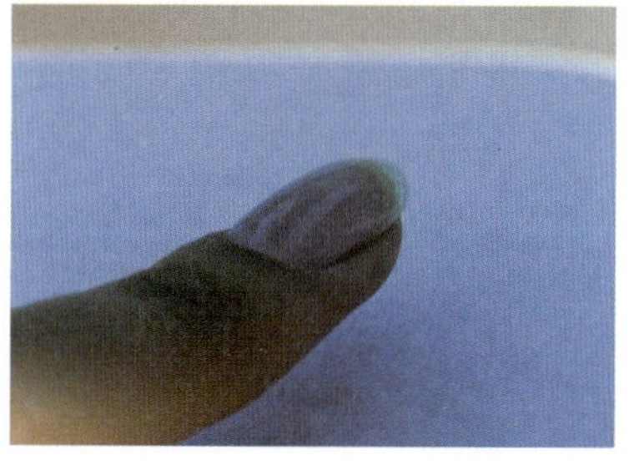

3 ＞ 젤을 손톱 표면에 올려준다.

4 ＞ 프리 에지까지 젤을 완전히 감싸준다.

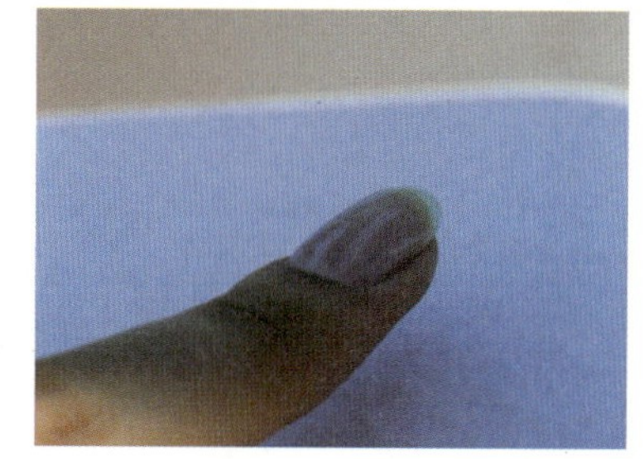

5 ＞ UV 램프에 1분간 큐어링한다.

6 ＞ 클리어 젤이 완전히 감싸지도록 탑 젤을 바른다.

7 ＞ UV 램프에 1분간 큐어링한다.

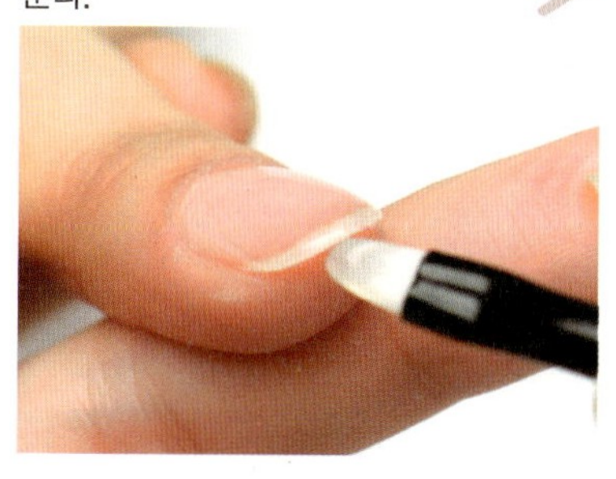

8 ＞ 페이퍼타월에 클렌저를 묻혀 미경화 젤을 깨끗하게 닦아낸다.

9 ＞ 큐티클 오일을 바른다.

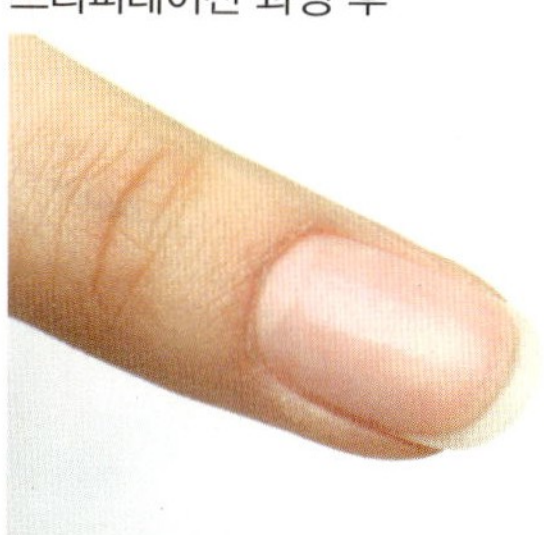

10 ＞ 시술 후

익스텐션 속오프 Extension Soak-Off

익스텐션 속오프는
젤을 이용해 연장한 길이를
아세톤을 사용해 제거하는 작업을
말해요. 하드 젤을 제거할 때는
드릴 혹은 파일을 사용해
전부 갈아내야 합니다.

시술 전

1 > 연장한 부위의 젤을 클리퍼로
여러 번에 걸쳐 조금씩 잘라낸다.

2 > 빠른 제거를 위해 탑 젤을
파일을 이용해 갈아준다.

3 >

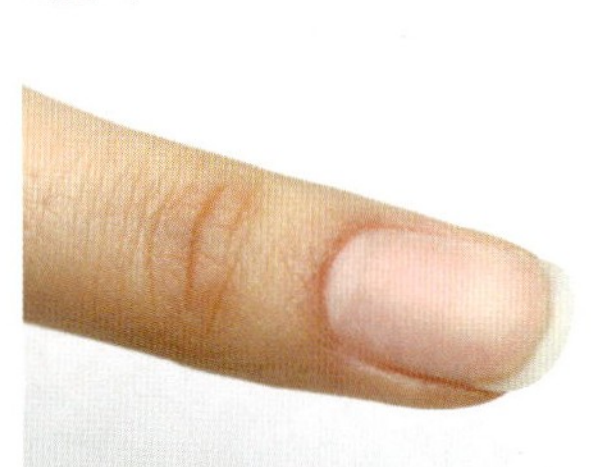

퓨어 아세톤을 적신 솜을
손톱에 얹은 후 호일로 감싸고
10분간 방치해둔다.

4 >

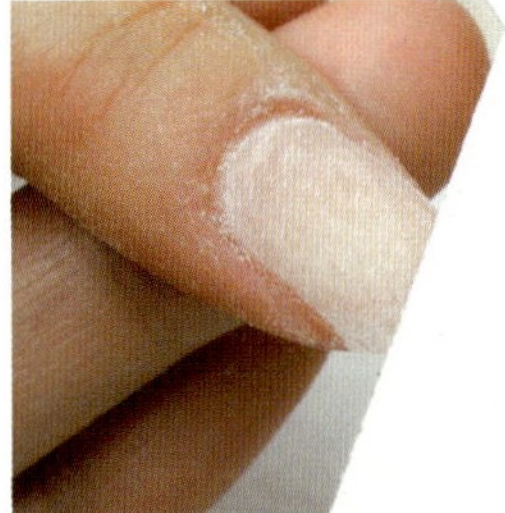

샌딩 블록 또는 부드러운
파일을 이용해 표면을 매끄럽게
정리해준다.

5 >

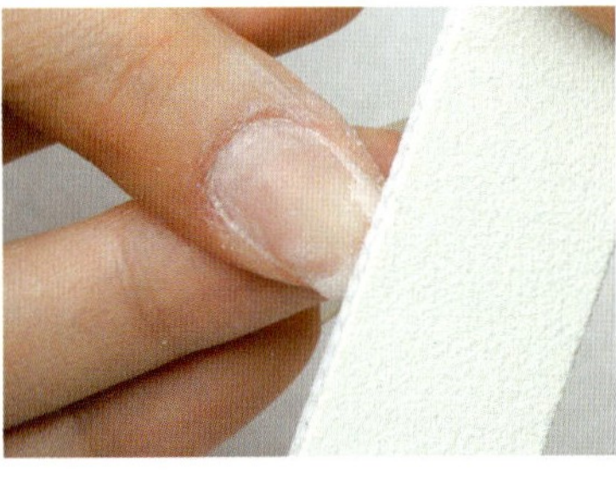

시술 후

6

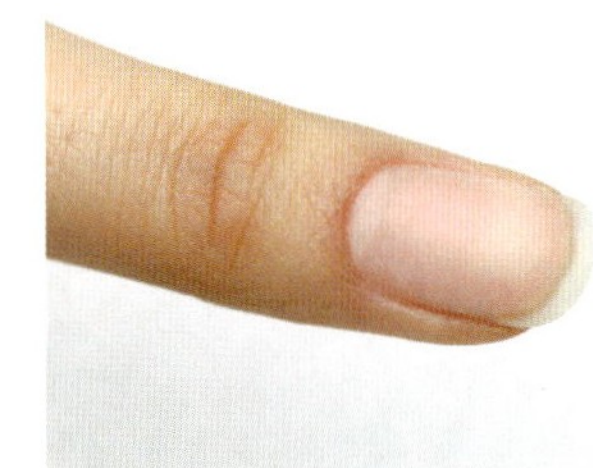

네일 디자인 어디까지 알고 있니?

네일아트에 자주 쓰이는
다양한 디자인의 세계.

Design 01
French

세련된 도시 여성들이 가장 선호하는 프렌치 디자인. 어떤 스타일에도 잘 어울리는 프렌치 아트는 한때 '뉴요커 스타일'로 불리며 전 세계적인 네일 트렌드 열풍을 일으켰다. 프렌치 아트는 일자형, U자형, V자형, 사선형 등이 있다. 그중에서 U자형 프렌치가 가장 일반적이지만 시크한 스타일을 원한다면 V자형이나 사선형 프렌치를 추천한다.

Design 02
Dot

네일 초보자들이 셀프 네일로 가장 먼저 시도하는 것이 바로 도트 패턴이다. 일명 '땡땡이'로 불리는 도트 디자인은 패션계에서는 레트로 스타일로 자주 등장하며 네일아트에서는 포인트를 주는 디자인으로 사랑받고 있다. 누구나 쉽고 간단하게 할 수 있는 도트 디자인은 파스텔 컬러를 베이스로 한 기본 도트 스타일부터 멀티 컬러 도트, 폴카 도트, 스트라이프 도트 등이 있다.

Design 03
Animal

네일 마니아라면 누구나 열광하는 애니멀 프린트! 화려하고 섹시한 스타일을 연출하기에 완벽한 디자인으로 사계절 상관없이 인기 만점. 옷, 가방 등 패션에도 자주 사용되는 애니멀 프린트는 일명 호피 무늬로 불리는 레오퍼드 패턴부터 흑백 라인의 대비가 우아한 지브라 패턴, 럭셔리한 섹시함을 강조한 뱀피와 악어 패턴 등이 대표적이다.

Design 04
Check

패션에서 영감을 받은 체크 패턴은 클래식한 느낌을 주는 디자인으로 유명하다. 선의 굵기와 방향 등 다양하게 선의 변화를 줄 수 있는 체크 아트의 세계는 무궁무진하다. 서로 비슷한 색상끼리 선의 굵기의 변화를 준 톤온톤 체크, 전통적인 마름모꼴 아가일 체크, 체스보드를 연상시키는 블록 체크, 스코틀랜드 전통의상에서 영감을 얻은 타탄 체크 등이 있다.

Design 05
Marble

원래 마블 테크닉은 미술에서 쓰는 기법으로, 물과 유성물감을 이용해 다양한 패턴을 만들어내는 예술이다. 네일아트에서는 물 위에 뜨는 성질을 이용, 두 가지 이상의 컬러를 사용한 워터 마블이 대표적. 어떤 무늬가 나올지 알 수 없는 것이 워터 마블의 매력이기 때문에 그만큼 여러 가지의 디자인이 가능하다. 이외에도 한 방향으로 그어내는 기본 마블 패턴, 두 가지 컬러를 직접 손톱 위에서 믹스한 마블 디자인, 공작의 아름다운 날개를 보는 듯한 피코크 마블 등이 있다.

Design 06
Gradation

네일아트 중에 가장 다양한 표현이 가능한 디자인. 한 가지에서 많게는 세 가지 이상 컬러로 자연스럽게 믹스해 표현하는 그러데이션은 은은한 분위기부터 화려한 스타일의 연출이 모두 가능하다. 기본적으로 스펀지를 이용한 그러데이션, 다양한 글리터를 이용한 블링블링 그러데이션, 물감의 질감과 브러시 테크닉을 이용한 포크아트 느낌의 그러데이션, 두 가지 컬러 이상의 멀티 컬러 그러데이션 등 수많은 아트가 있다.

전문가를 위한 Q&A

Q 일반 폴리시를 바른 후 탑 젤을 사용해도 되나요?

A 사용은 가능합니다. 일반 컬러를 바른 후 폴리시를 완전히 건조시킨 후 사용하도록 하세요. 일반 폴리시 전용 탑 젤도 시중에서 구입이 가능해요.

Q 젤 위에 폴리시를 바르고 리무버를 사용해도 되나요?

A 완성된 젤 위에 일반 폴리시를 바르고 지우는 것은 가능합니다. 단, 아세톤이 함유되지 않은 넌non 아세톤 제품을 사용해 지우면 젤의 손상 없이 폴리시만 지울 수 있어요. 아세톤이 함유된 일반 리무버로 지우게 되면 탑 젤이 녹으면서 광택이 감소될 수 있어요.

Q 젤을 다른 브랜드끼리 섞어서 사용해도 되나요?

A 각각의 브랜드마다 성분과 경화 시간이 다르기 때문에 서로 다른 종류의 젤을 섞을 경우 큐어링이 되지 않거나 공기가 들어가 쭈글쭈글해지는 경우가 생길 수 있어요. 작업 전에 미리 테스트를 거쳐 확인한 후 사용하는 것이 좋습니다.

\ 사용할 젤들을 미리 섞어서 확인해주세요.

Q 완성시 광택이 나지 않는 원인은 무엇인가요?

A 큐어링 타임 부족, 램프의 수명, 탑 젤의 바르는 양 등이 원인일 수 있어요.

Q 프렌치를 매끄럽게 잘 그리려면 어떻게 해야 하나요?

A 처음 시술 시 두께를 얇게 여러 번 나눠서 바르는 것이 좋아요. 일반 폴리시와는 달리 폴리시 젤은 큐어링만 하지 않으면 얼마든지 수정이 가능하기 때문에 프렌치 라인이 예쁘게 나오지 않을 경우에는 얇은 브러시로 교정이 가능합니다. 또 두껍게 많은 양을 발랐을 경우에는 표면이 울면서 벗겨지는 현상이 생길 수 있으니 주의하세요.

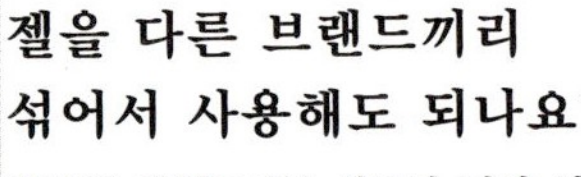
\ 컬러를 여러 번 나눠서 발라주세요.
\ 수정할 때는 브러시로 교정이 가능해요.

Q 젤 시술을 받은 지 2~3일 후에 리프팅 현상이 일어나는 경우에는 어떻게 해야 하나요?

A 리프팅 현상의 원인은 다양합니다. 프리퍼레이션이 잘 안됐을 경우, 젤이 살에 묻었을 경우, 탑 젤을 프리 에지까지 감싸지 않았을 경우, 젤이 완전히 경화되지 않은 경우, 램프의 와트가 안 맞는 경우, 큐어링 램프의 전용 램프가 오래된 경우 등의 원인이 있을 수 있어요.

Q 젤 제품은 어떻게 보관하나요?

A 젤은 광선에 민감한 제품이기 때문에 빛에 노출이 많을수록 굳는 현상이 심해집니다. 그러므로 빛(태양, 형광등)에 노출을 최소화 할 수 있는 곳에 보관하고 사용 시 램프에 제품을 가까이 두지 않도록 주의해야 해요. 또한 젤은 끈적이기 때문에 제품의 용기 안에 먼지가 쉽게 들어갈 수 있어요. 아트 작업 또는 큐어링을 할 때 특히 주의해야 합니다.

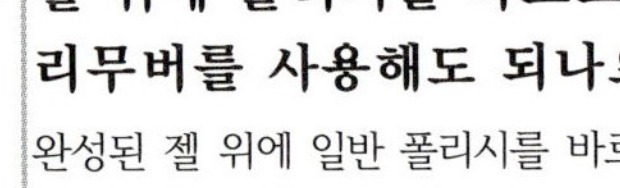

**Q 사용 후 브러시는
어떻게 보관해야 하나요?**

A 항상 먼지와 미경화 젤이 남지 않도록 전용 클렌저를 이용해 깨끗이 세척한 후 브러시 전용 케이스에 보관하도록 합니다.

**Q 젤이 UV 램프에는 큐어링이
되는데 LED 램프에서는
큐어링이 안 돼요.**

A 각 젤의 광개시제 photo initiator의 차이 때문입니다. 광개시제란 UV 수지에 첨가되어 자외선 램프로부터 에너지를 흡수해 하하 반응을 시작하게 하는 물질을 말합니다. 수지의 종류에 따라 다르며 산소 화합물과 광중합 하는데 필요한 에너지를 가해서 이물질 등이 경화된 후 고분자 물질(완성된 젤)로 바뀌도록 광중합을 개시시키는 역할을 합니다. 즉 UV와 LED에 둘 다 반응하는 젤은 UV와 LED 광개시 물질이 둘 다 들어있는 젤이에요. 따라서 각 브랜드마다의 사용법을 반드시 숙지해서 UV 램프 전용 젤인지, UV와 LED 겸용 젤인지를 확인 후 사용해야 합니다.

**Q 램프 사용 시
피부가 가려워요?**

A 광선 또는 클렌저 알레르기일 수 있습니다. 알레르기 반응이 일어나면 시술을 하지 않는 것이 좋아요. 손톱이나 피부에 문제가 생겼을 경우 즉시 피부과에 가서 진료를 받아야 합니다.

**Q 표면이 울퉁불퉁해졌어요.
어떻게 하면 되죠?**

A 셀프레벨링(젤이 스스로 표면에서 퍼지는 현상)을 해보세요. 브러시로 바른 후 바로 큐어링을 하면 브러시 자극이 그대로 남아 울퉁불퉁한 현상이 생길 수 있어요.

**Q 젤 램프에 불은 들어오는 데
젤이 잘 경화되지 않는
이유가 궁금해요.**

A 젤 램프의 수명이 다 되었을 수 있습니다. 대부분 램프는 수명이 다 되면 램프의 불은 들어오지만 큐어링이 되지 않는 현상이 일어나요. 보통 UV 램프의 수명은 1,000시간 정도이고 LED 램프의 경우는 50,000시간 정도 사용이 가능합니다.

**Q 컬러 젤은
큐어링 타임이 다른가요?**

A 브랜드 별로 큐어링 타임이 조금씩 다른 편입니다. 또한 원료, 바르는 양, 빛의 세기에 따라 달라지는 경우도 있으므로 제품마다 큐어링 타임을 확인한 후 사용하는 것이 좋아요.

**Q 컬러의 지속력을
높이기 위한 근본적인
해결 방법이 있나요?**

A 컬러의 지속력을 높이기 위한 가장 기본은 건강한 네일 관리에 있습니다. 자주 갈라지거나 부서지는 네일일 경우 그만큼 컬러의 지속력이 떨어지기 때문입니다. 또한 컬러를 바르기 전 손톱의 표면 정리, 유분 제거 등 프리퍼레이션 과정을 완벽하게 해야 합니다.

**Q 오일 프리 타입의
큐티클 리무버의 사용법이
궁금해요.**

A 오일 프리 타입의 큐티클 리무버를 사용할 때는 손가락을 더운 물에 담그는 습식 케어는 안됩니다. 젤 아트를 하기 전 네일에 유분과 수분이 생길 수 있기 때문입니다. 물론 오일 프리 타입이 아닌 큐티클 리무버를 사용해도 되지만 젤 아트를 하기 전에는 반드시 네일 표면의 유분을 제거해주는 과정을 거쳐야 합니다.

젤 파츠 만들기

젤을 이용해 나만의 파츠를 만들어봐요!

1 끝이 둥근 브러시나 펜의 뒷부분을 이용해 수직으로 클리어 젤을 찍어준다.

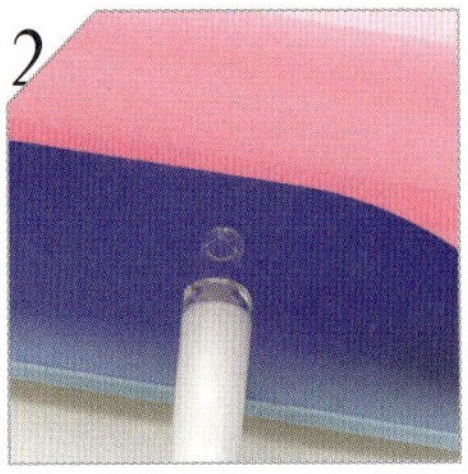

2 셀프레벨링 후 젤이 한쪽으로 기울어지지 않도록 펜을 돌려가며 큐어링한다.

Design 01
돔형 파츠

3 미경화 젤을 닦아내고 떼어낸다.

4 클리어 젤과 섞은 글리터를 이용해 빈 공간을 채우고 큐어링한 후 미경화 젤을 닦아낸다.

5 지저분한 밑 부분을 파일을 이용해 정리한다.

6 파츠 글루를 이용해 붙이고 선명도를 위해 탑 젤을 바르고 큐어링한다.

1 인조 팁을 손톱 커브에 맞게 굴곡을 주고 만들어진 파츠가 잘 떨어지게 하기 위해서 호일로 감싼다.

2 잘 퍼지지 않는 클리어 젤 또는 파츠 전용 젤을 팁 위에 올린다.

Design 02
스톤 파츠

3 여러 가지 모양과 크기의 스톤을 클리어 젤 위에 올려가며 디자인한 후 큐어링한다.

4 스톤 장식 사이사이 빈 공간에 클리어 젤을 꼼꼼히 채우고 큐어링한다.

5 팁에서 호일을 벗겨 디자인된 파츠를 떼어낸다.

6 파츠 글루를 이용해 손톱에 붙인다.

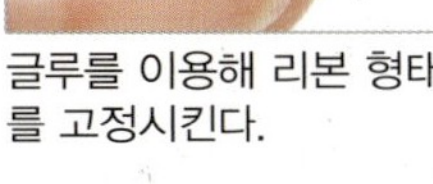

Design 03
터키석 파츠

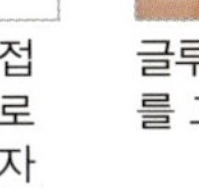

1. 인조 팁을 손톱 커브에 맞게 굴곡을 주고 만들어진 파츠가 잘 떨어지게 하기 위해서 호일로 감싼다.

2. 하늘색 컬러 젤을 원하는 크기의 타원형으로 얇게 올리고 큐어링한다.

3. 하늘색 컬러 젤을 한 번 더 올리고 터키석 느낌으로 흰색 컬러 젤을 떨어뜨려 마블을 연출한 후 큐어링한다.

4. 클리어 젤을 중간에 올려 사이드로 끌어내리듯 표면의 중앙을 도톰하게 만들고 젤이 흐르지 않도록 팁을 뒤집어가며 큐어링한다.

5. 미경화 젤을 닦아내고 지저분한 사이드 부분을 파일을 이용해 정리한다.

6. 파츠 글루를 이용해 붙이고 선명도를 위해 탑 젤을 바른 후 큐어링한다.

Design 04
리본 파츠

1. 젤이 잘 떨어질 수 있는 코팅된 종이 위에 원하는 색상의 컬러 젤을 이용해 직사각형을 만든다.

2. 종이를 접어서 잡고 큐어링한 후 미경화 젤을 닦아낸다. 뒷면이 큐어링되지 않은 경우 뒷면도 큐어링한다.

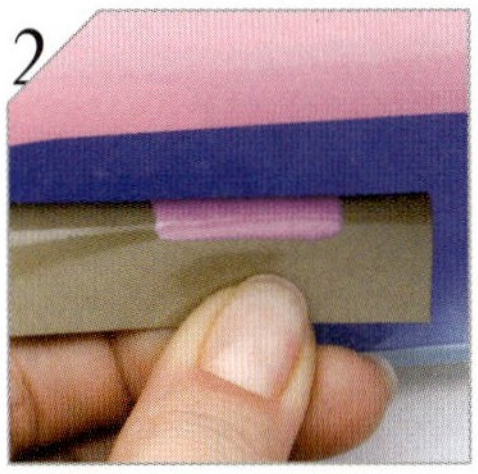

3. 종이에서 떼어낸 젤을 접어 끝부분을 살짝 글루로 붙이고 삼각형 형태로 자른다.

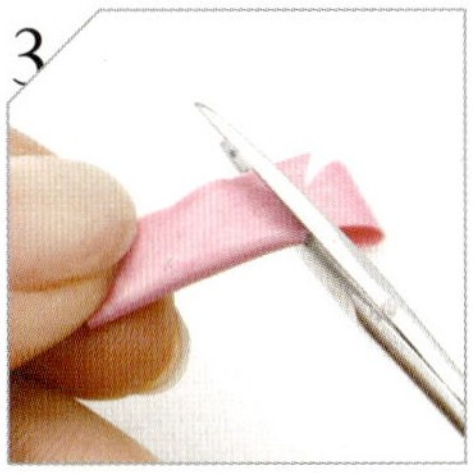

4. 글루를 이용해 리본 형태를 고정시킨다.

5. 리본 중앙에 스톤을 붙인다.

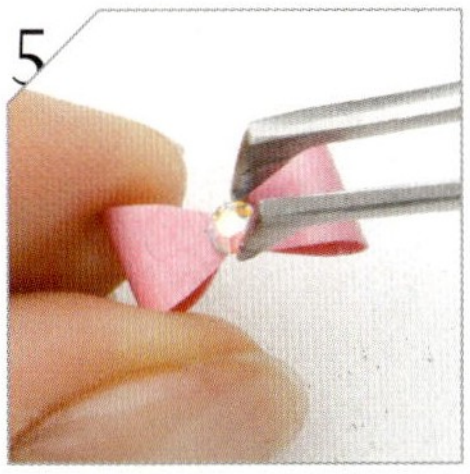

6. 파츠 글루를 이용해 붙이고 선명도를 위해 탑 젤을 바른 후 큐어링한다.

Point! 핸드페인팅 젤 아트

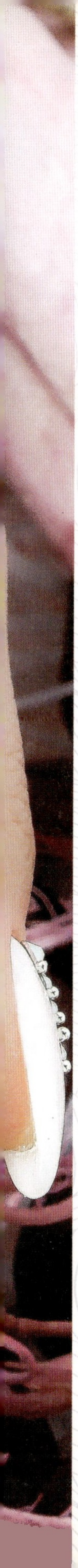

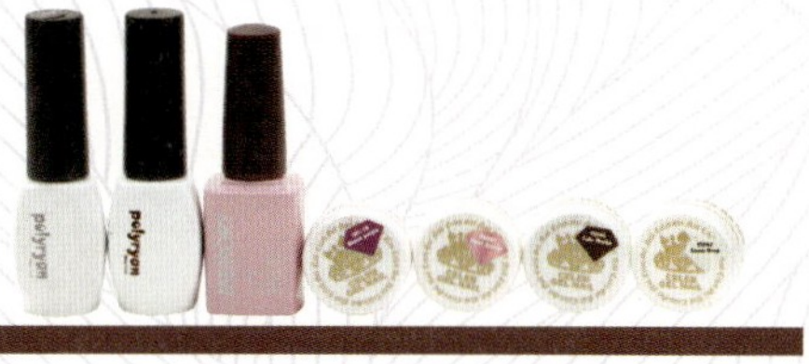

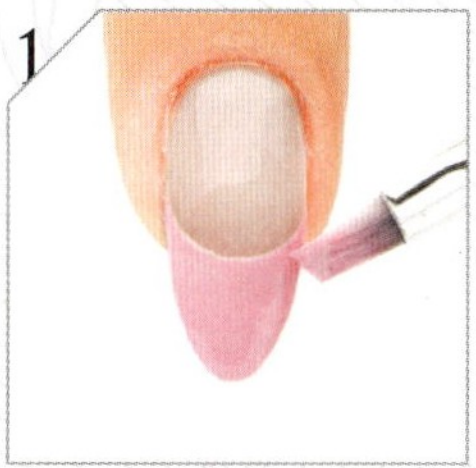

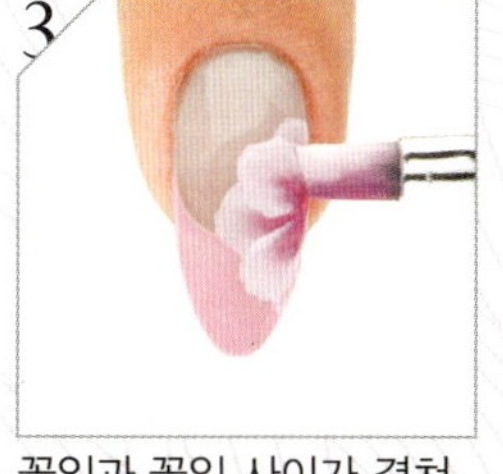

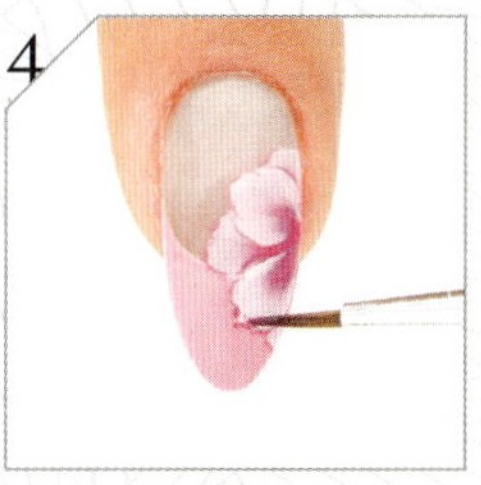

베이스 젤을 바른 후 큐어링을 하고 컬러 젤을 사선 브러시에 묻혀 프렌치를 연출한 뒤 큐어링한다.

사선 브러시를 이용해 두 가지 컬러 젤을 더블 로딩한 후 꽃잎과 꽃잎 사이에 간격을 두고 꽃잎을 그리고 큐어링한다.

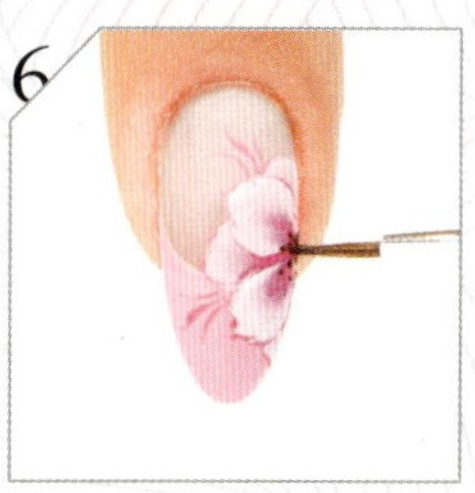

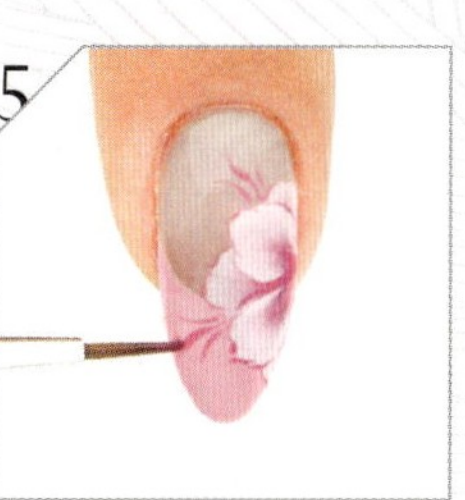

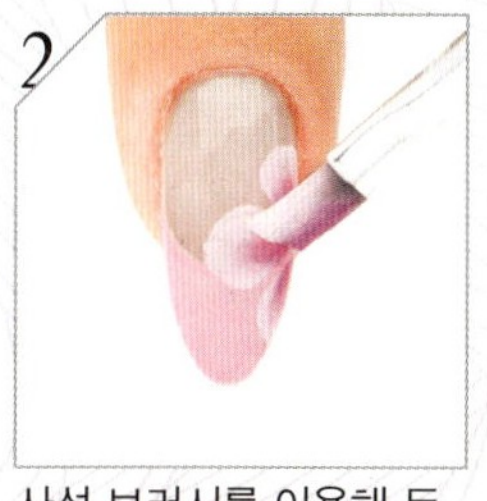

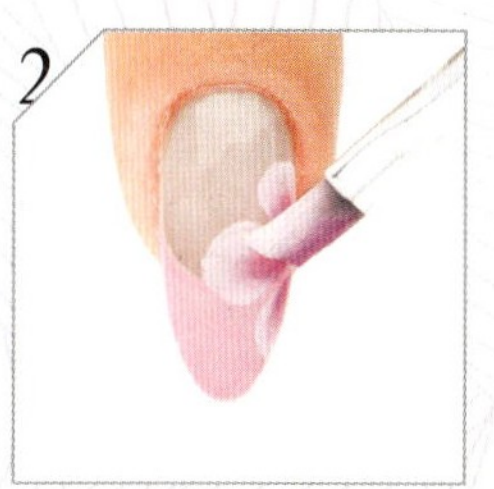

꽃잎과 꽃잎 사이가 겹쳐지도록 2번과 같이 꽃잎을 그린 후 큐어링한다.

컬러 젤을 세필 브러시에 묻혀 꽃잎의 라인을 그린다.

컬러 젤을 세필 브러시에 묻혀 잎을 그린 후 큐어링한다.

컬러 젤을 세필 브러시에 묻혀 꽃술을 찍고 큐어링한 뒤 탑 젤을 바르고 큐어링한다.

Chapter 1. Pro Art

마블 Marble;

브러시 혹은 스틱을 사용해 여러 가지 색상을 큐어링하지 않은 상태에서
섞어 대리석 느낌의 표면을 연출하는 기법을 소개한다.

레인보우 딥 프렌치

1. 베이스 젤을 바르고 큐어링한 후 연한 주황색 폴리시 젤을 이용해 딥 프렌치를 한번만 발라주고 큐어링한다.

2. 위와 같은 색상의 폴리시 젤을 이용해 딥 프렌치를 다시 한 번 발라준 후 큐어링하지 않고 흰색 폴리시 젤을 사이사이에 발라 깨끗한 브러시로 경계를 펴준다.

3. 마블 형태가 큐어링되지 않은 상태에서 검은색 컬러 젤을 브러시에 묻혀 라인을 그리고 깨끗한 브러시로 그러데이션이 되도록 한쪽 면을 펴준 후 큐어링한다.

4. 글리터 젤을 세필 브러시에 묻혀 딥 프렌치 라인에 선을 그린 후 큐어링한다. 검은색 컬러 젤을 브러시에 묻혀 점선을 그린 후 큐어링하고 탑 젤을 바른 뒤 다시 한 번 큐어링한다.

마블 버터플라이

1. 베이스 젤을 바르고 큐어링한 후 여러 가지 색상의 폴리시 젤을 이용해 마블을 연출하고 큐어링한다.

2. 검은색 컬러 젤을 세필 브러시에 묻혀 나비의 형태를 그리고 큐어링한다.

3. 여러 색상의 폴리시 젤을 덜어 놓고 세필 브러시를 이용해 나비의 날개 부위에 라인을 그린다.

4. 깨끗한 세필 브러시를 이용해 마블을 한 후 큐어링한다. 탑 젤을 바른 후 다시 한 번 큐어링한다.

블랙 피코크

1 
베이스 젤을 바르고 큐어링한 뒤 검은색 폴리시 젤을 전체적으로 바른 뒤 큐어링한다.

2 
다시 한번 전체적으로 바른 후 큐어링하지 않은 상태에서 분홍색과 연보라색 폴리시 젤을 세필 브러시에 묻혀 가로 라인을 그린다.

3 
깨끗한 세필 브러시를 사용해 아래에서 위로 끌어당겨 마블을 완성한 후 큐어링한다.

4
탑 젤을 바르고 큐어링한 후 스톤을 장식한다.

캔디 그러데이션

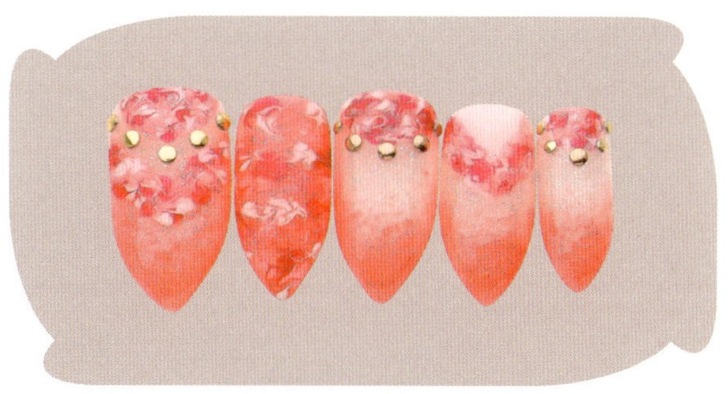

1 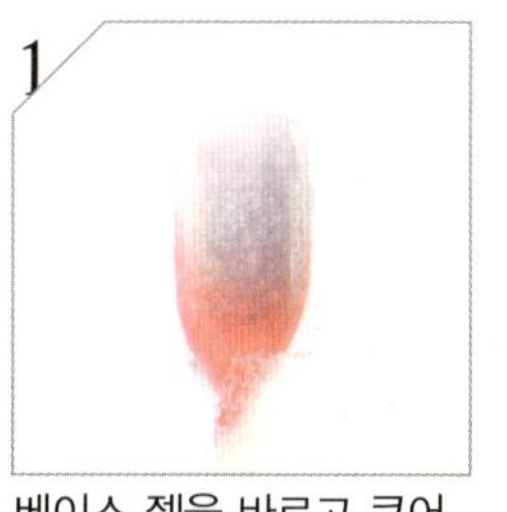
베이스 젤을 바르고 큐어링한 후 분홍색 폴리시 젤을 스펀지에 묻혀 그러데이션을 연출하고 큐어링한다.

2 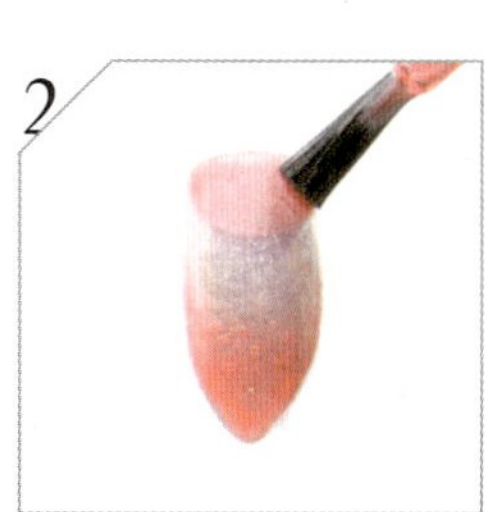
위와 같은 색상의 폴리시 젤을 이용해 루눌라 부분에 반달 모양으로 한번만 발라주고 큐어링한다.

3 
루눌라 부분을 반달 모양으로 다시 한 번 발라주고 여러 색상의 폴리시 젤을 스틱에 묻혀 도트를 찍는다.

4 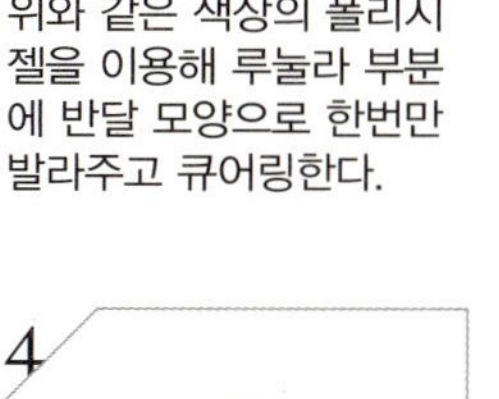
깨끗한 세필 브러시를 이용해 마블을 연출한 후 큐어링하고 탑 젤을 바른 뒤 다시 한 번 큐어링한다.

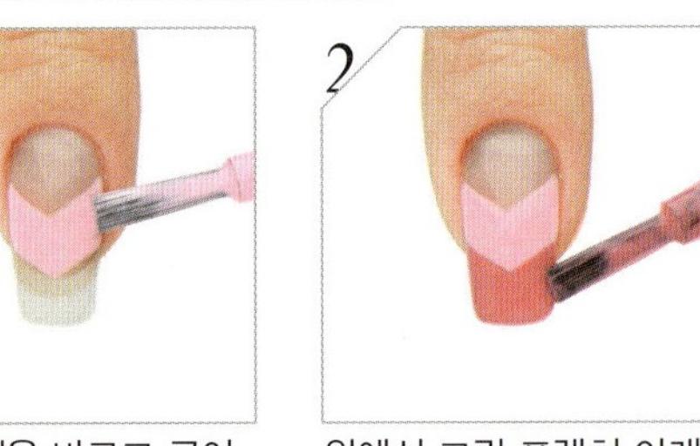

로맨틱 레이스 더블 프렌치

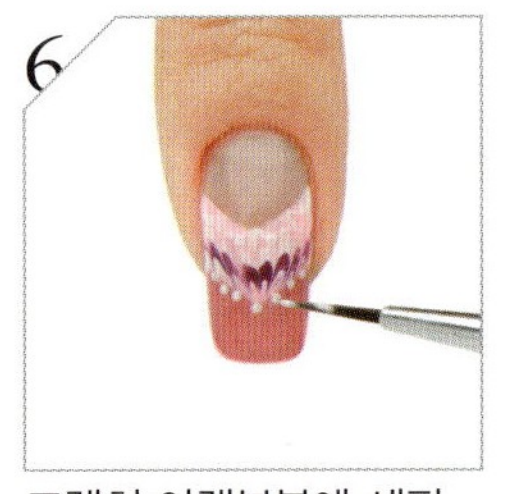

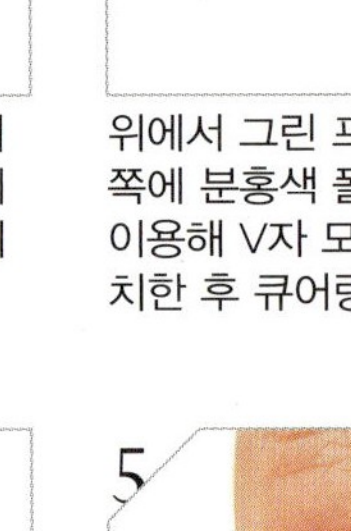

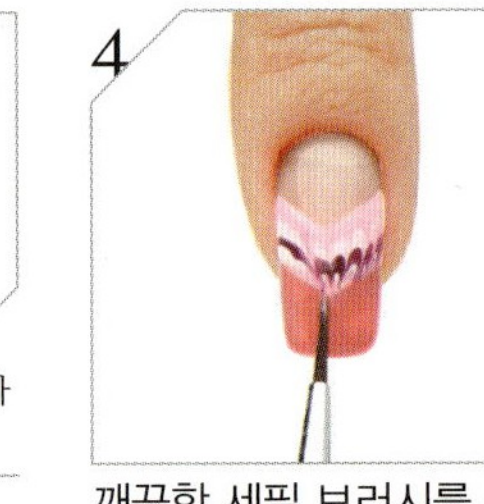

1
베이스 젤을 바르고 큐어
링한 후 연분홍색 폴리시
젤을 이용해 손톱 중앙에
V자 모양으로 프렌치를
그린 후 큐어링한다.

2
위에서 그린 프렌치 아래
쪽에 분홍색 폴리시 젤을
이용해 V자 모양의 프렌
치한 후 큐어링한다.

3 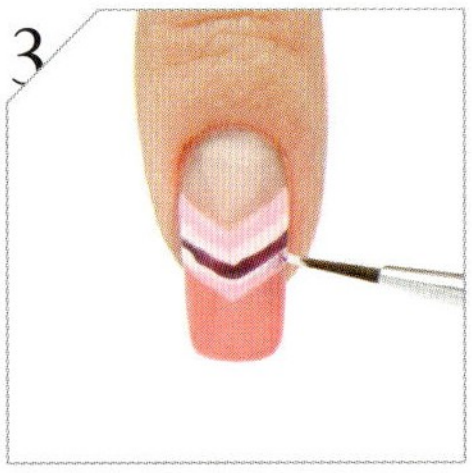
중앙 프렌치 부분에 소량
의 탑 젤을 바른 후 여러
색상의 폴리시 젤을 덜어
세필 브러시에 묻혀 라인
을 그린다.

Tip

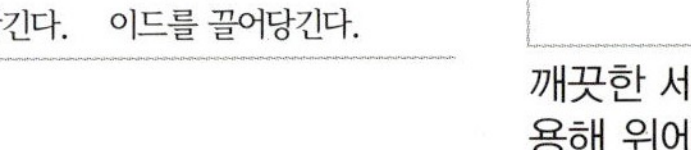

안정감 있는 디자인을 위
해 중심부터 끌어당긴다.

일정한 간격을 두고 양 사
이드를 끌어당긴다.

4
깨끗한 세필 브러시를 이
용해 위에서 아래로 당겨
마블을 한 후 큐어링한다.

5 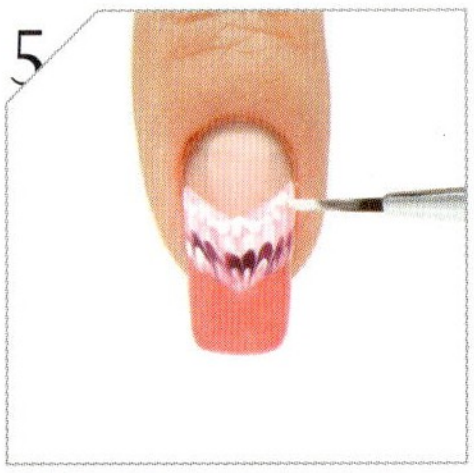
흰색 폴리시 젤을 세필
브러시에 묻혀 프렌치
윗부분 라인에 레이스를
그린다.

6
프렌치 아랫부분에 세필
브러시를 이용해 도트를
찍어주고 큐어링한 후 탑
젤을 바른 뒤 다시 한 번
큐어링한다.

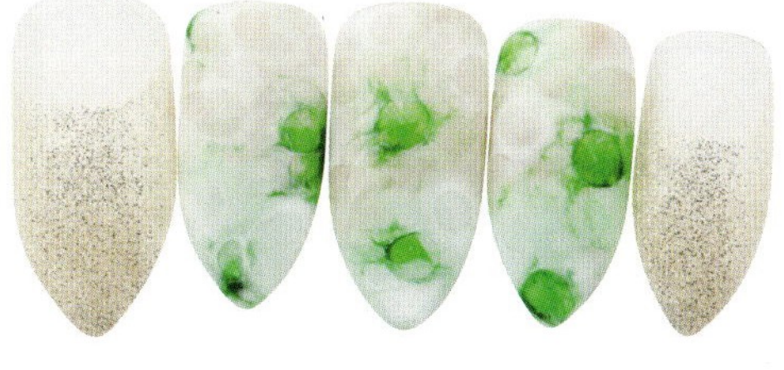

화이트 베이스에 싱그러운
플라워 아트를 마블 테크닉을
이용해 완성했어요.

레드와 핑크를 베이스로,
화이트 컬러를 사용해
마블 체크와 로맨틱한 하트
모티브를 연출했어요.

그린 계열을 사용해 마블을
연출하고 스팽글을 장식했어요.

멀티 컬러를 이용해 마블
효과를 연출한 베이스에 블랙
컬러 젤을 얇게 바르고 클리어
젤을 떨어뜨려 불규칙한 형태의
디자인을 완성했어요.

멀티 컬러를 이용해 추상적인
마블 효과를 완성했어요.

에스닉 더블 프렌치

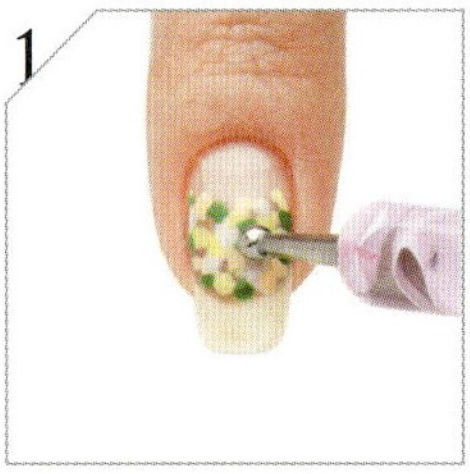

1. 베이스 젤을 바르고 큐어링한 후 여러 색상의 폴리시 젤을 스틱에 묻혀 손톱 중앙에 도트를 찍는다.

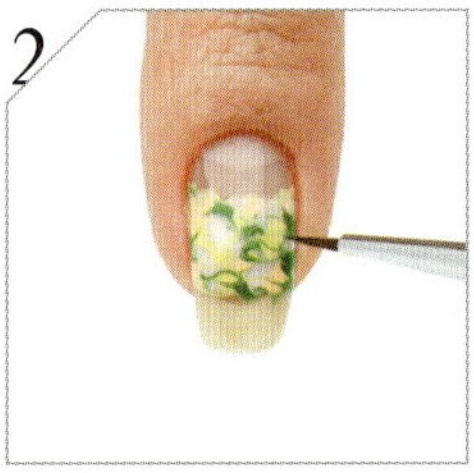

2. 깨끗한 세필 브러시를 이용해 마블을 완성한다.

3. 큐어링하기 전 프렌치 부분의 지저분한 라인을 깨끗한 브러시로 닦아내고 큐어링한다.

Tip

마블을 중앙 부분에 먼저 한다.

단차를 줄이기 위해 마블을 먼저하고 끝부분에 프렌치를 한다.

4. 아랫부분에 진한 녹색 폴리시 젤을 이용해 프렌치를 완성한 후 큐어링한다.

5. 글리터 젤을 세필 브러시에 묻혀 프렌치 라인에 라인을 그린 후 큐어링한다.

6. 탑 젤을 바른 후 큐어링한다.

블루와 라임 그린 컬러를
이용한 마블 기법으로
아티스틱한 베이스를 완성하고
피코크 마블 기법으로
부분적인 포인트를 더했어요.

퍼플과 옐로 컬러를 믹스해
불규칙한 마블 효과를
연출했어요.

블루와 핑크 컬러를
베이스로 로맨틱한 플라워와
잎을 완성했어요.

옐로, 화이트, 핫 핑크,
브라운 컬러를 이용해
드라마틱한 마블
효과를 연출했어요.

옐로와 화이트, 핑크,
블랙 컬러를 이용한 마블 효과를
프렌치로 연출하고
블랙 스톤을 장식했어요.

Chapter 2. Pro Art

스티커 Sticker;

접착력이 있는 스티커, 물에 불려 사용하는 워터 데칼, 메탈릭 느낌의
로코코 씰 등 네일에 붙이는 스티커 형태의 아트 재료를 사용한 아트를 소개한다.

로즈 스티커 프레임

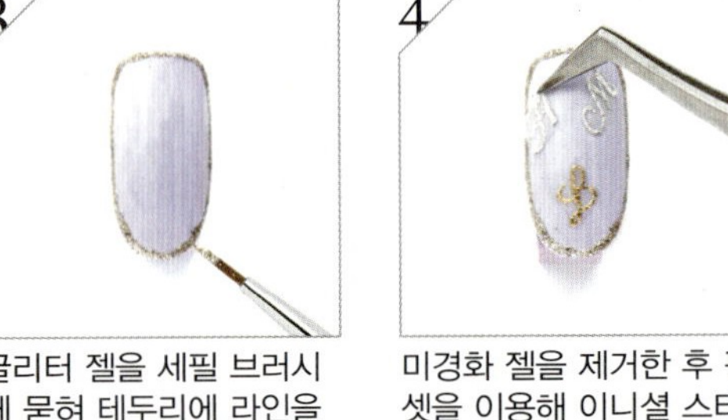

1. 베이스 젤을 바르고 큐어링한 후 흰색 폴리시 젤을 전체적으로 바른 뒤 큐어링한다.

2. 미경화 젤을 제거한 후 핀셋을 이용해 스티커를 중앙에 붙인다.

3. 탑 젤을 바른 후 큐어링을 하지 않고 중앙에 구슬을 다이아몬드 모양으로 붙인 뒤 큐어링한다.

4. 구슬과 스티커 부분에 클리어 젤을 채워 파츠 모양으로 만들어 큐어링하고 탑 젤을 바른 뒤 다시 한 번 큐어링한다.

파스텔 퍼플 이니셜

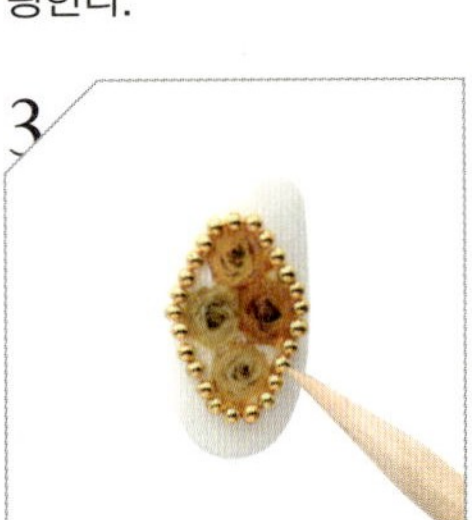

1. 베이스 젤을 바르고 큐어링한 후 연보라색 폴리시 젤을 전체적으로 바른 뒤 큐어링한다.

2. 흰색 컬러 젤을 브러시에 묻혀 브러시 결이 살도록 살짝살짝 터치한다.

3. 글리터 젤을 세필 브러시에 묻혀 테두리에 라인을 그리고 큐어링한다.

4. 미경화 젤을 제거한 후 핀셋을 이용해 이니셜 스티커를 붙이고 탑 젤을 발라 큐어링한다.

멀티 스타 딥 프렌치

1 
베이스 젤을 바르고 큐어
링한 후 연보라색 폴리시
젤을 이용해 딥 프렌치를
완성한 후 큐어링한다.

2
탑 젤을 바른 후 딥 프렌
치 윗부분에 스팽글을
붙이고 큐어링한다.

3
미경화 젤을 제거한 후 프
렌치 안에 핀셋을 이용해
별 모양의 스티커를 불규
칙적으로 붙인다.

4
흰색 폴리시 젤을 덜어내
어 세필 브러시에 묻혀 별
주변에 라인을 그려 큐어
링하고 탑 젤을 바른 뒤
다시 한 번 큐어링한다.

앵그리버드

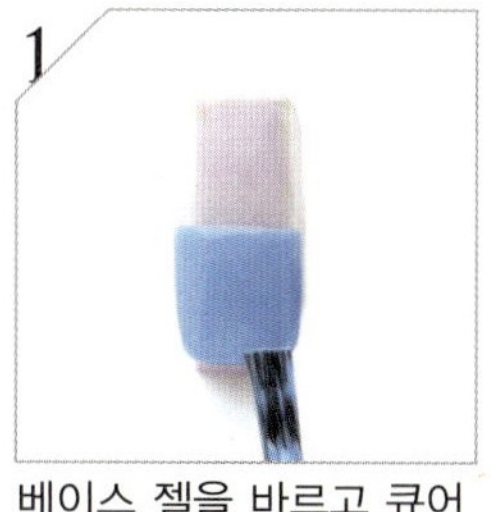

1
베이스 젤을 바르고 큐어
링한 후 하늘색 폴리시
젤을 이용해 딥 프렌치를
완성하고 큐어링한다.

2
연두색 폴리시 젤을 이용
해 나머지 부분에 프렌치
를 완성하고 큐어링한다.

3
검은색 컬러 젤을 세필
브러시에 묻혀 중간 부분
에 라인을 그리고 큐어링
한다.

4
미경화 젤을 제거한 후
핀셋으로 스티커를 붙이
고 탑 젤을 바른 뒤 큐어
링한다.

Tip

워터 데칼을 물에 1분 정
도 불려주세요.

그랜드 갤럭시

미경화 젤을 닦아내야 스티커가 잘 붙는다.

베이스 젤을 바르고 큐어링한 후 검은색 폴리시 젤을 전체적으로 바른 뒤 큐어링한다.

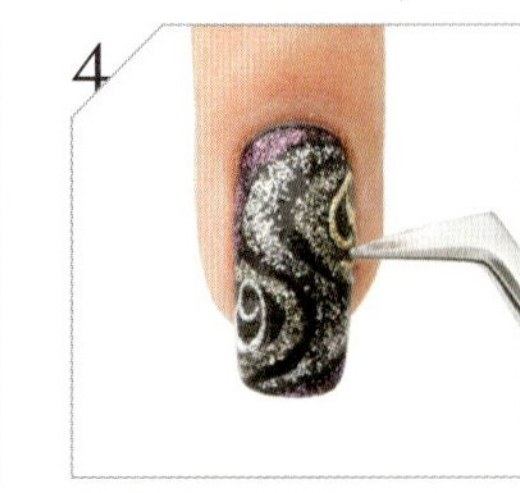

글리터 젤을 세필 브러시에 묻혀 사진과 같이 물결 무늬를 그려준 후 큐어링한다.

나머지 빈 공간은 다른 색상의 글리터 젤을 이용해 채워준 후 큐어링한다.

미경화 젤을 제거한 후 핀셋을 이용해 이니셜 스티커를 붙인다.

스팽글을 장식한 후 탑 젤을 바른 뒤 큐어링한다.

크림 베이스에 각종 스티커
네일을 재단해 붙이고
테두리를 그려 넣었어요.

헬로 키티 스티커를
이용해 귀여운 느낌의
아트를 완성했어요.

블랙과 화이트 컬러를 이용한
사선 스트라이프 패턴에 실사
플라워 씰을 장식했어요.

화이트와 레드 컬러를 이용해
더블 하트 프렌치를 완성하고
실사 플라워 씰을 더했어요.

옐로 컬러 베이스에 마블
효과를 연출하고 실사
버터플라이 씰을 장식했어요.

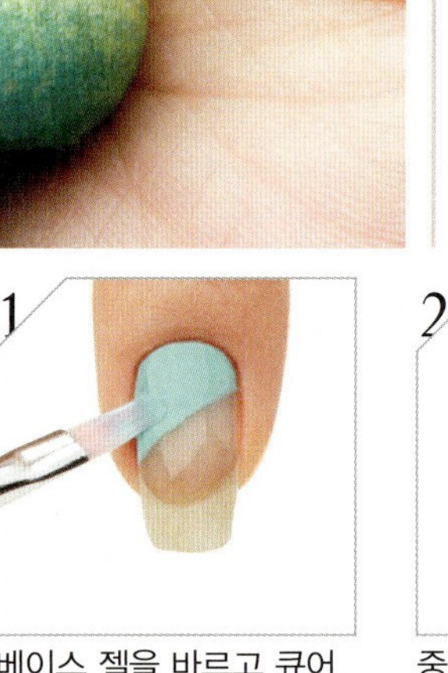

트라이 컬러 레이스

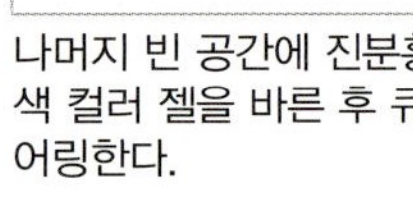

1
베이스 젤을 바르고 큐어링한 후 민트색 컬러 젤을 둥근 브러시를 이용해 큐티클 라인 쪽에 삼각형 형태의 모양으로 발라준 후 큐어링한다.

2
중앙 부분에 다시 삼각형 모양으로 흰색 컬러 젤을 바른 후 큐어링한다.

3
나머지 빈 공간에 진분홍색 컬러 젤을 바른 후 큐어링한다.

4 
흰색 컬러 젤을 스틱에 묻혀 큐티클 라인 부분에 도트를 찍은 후 큐어링한다.

5 
미경화 젤을 제거한 후 핀셋을 이용해 레이스 스티커를 사선으로 붙인다.

6 
핀셋을 이용해 아랫부분에 레이스 스티커를 사선으로 붙인 후 탑 젤을 바르고 큐어링한다.

골드와 블랙 컬러를 이용해
스캘럽 디자인의 프렌치를
완성하고 눈꽃 모티브의
씰을 붙였어요.

화이트 베이스에 블루와
누드, 네온 옐로, 실버 컬러를
이용해 체크 패턴을 연출하고
다양한 패턴의 하트
스티커를 장식했어요.

화이트 베이스에 할리우드
여배우의 실사 스티커를 스톤을
이용해 액자처럼 완성했어요.

옐로 베이스에 형형색색의
실사 플라워 씰을 장식했어요.

살구 컬러의 베이스에
회화적인 핸드페인팅 플라워를
그려 넣고 버터플라이
스티커를 더했어요.

Chapter 3. Pro Art

체크 Check;

블록 체크, 타탄 체크, 아가일 체크, 글렌 체크 등 다양한
디자인의 체크 패턴을 이용한 아트 기법을 소개한다.

핑크 블록 체크

1

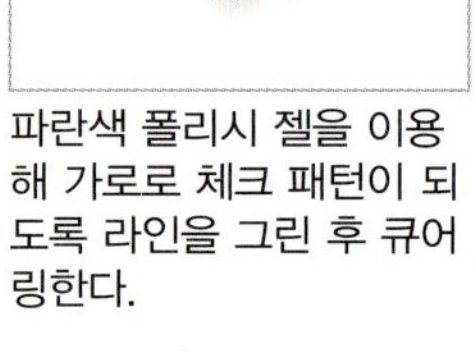

베이스 젤을 바르고 큐어링한 후 분홍색 폴리시 젤을 이용해 윗부분에 사선으로 프렌치를 완성하고 큐어링한다.

2

빨간색 폴리시 젤을 이용해 아랫부분에 프렌치를 완성한 후 큐어링하고 흰색 폴리시 젤을 이용해 세로 라인을 그린 후 큐어링한다.

3

흰색 폴리시 젤을 이용해 체크 모양이 되도록 가로 라인을 그린 후 큐어링한다.

4

미경화 젤을 제거하고 핀셋을 이용해 경계선에 스티커를 붙인 뒤 탑 젤을 바른 후 프렌치 부분에 스팽글을 붙이고 큐어링한다. 탑 젤을 바른 후 다시 한 번 큐어링한다.

블루 그린 타탄 체크

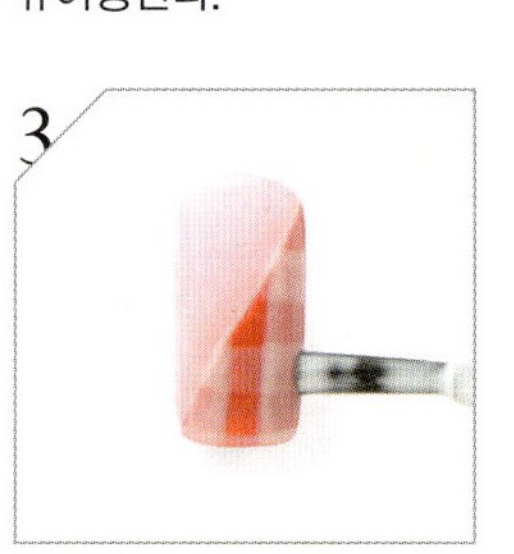

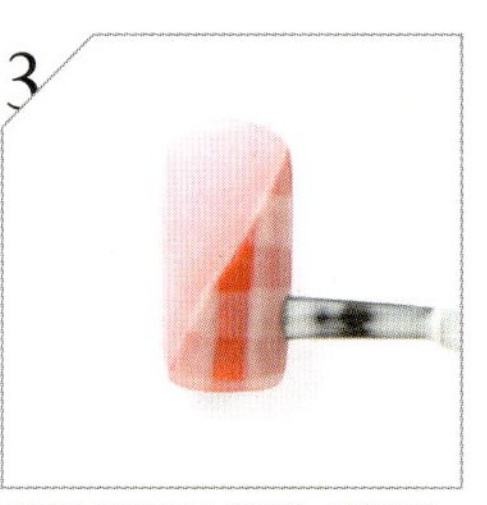

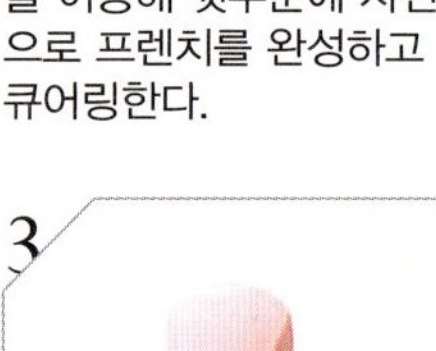

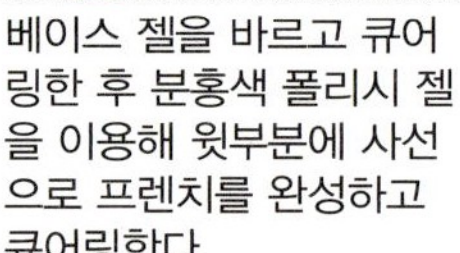

1

베이스 젤을 바르고 큐어링한 후 연두색 폴리시 젤을 전체적으로 바른 뒤 큐어링한다.

2

파란색 폴리시 젤을 이용해 세로로 라인을 그린 후 큐어링한다.

3

파란색 폴리시 젤을 이용해 가로로 체크 패턴이 되도록 라인을 그린 후 큐어링한다.

4

글리터 젤을 이용해 체크 패턴을 완성한 후 큐어링하고 탑 젤을 바르고 큐어링한다.

1. 베이스 젤을 바르고 큐어
링한 후 진분홍색 폴리시
젤을 전체적으로 바른 뒤
큐어링한다.

2. 마름모 모양으로 글리터
폴리시 젤을 바르고 큐어
링한다.

3. 미경화 젤을 제거하고 스
트라이핑 테이프를 마름
모 부분에 붙인다.

4. 스트라이핑 테이프를 체
크 패턴으로 붙인 후 탑
젤을 바르고 큐어링한다.

스트라이핑 테이프 체크

1. 베이스 젤을 바르고 큐어
링한 후 분홍색 폴리시 젤
을 이용해 딥 프렌치를 완
성한 후 큐어링한다.

2. 진한 파란색 컬러 젤을 세
필 브러시에 묻혀 마름모
모양을 규칙적으로 그린
후 큐어링한다.

3. 글리터 젤을 세필 브러시
에 묻혀 라인을 그리고 큐
어링한다.

4. 글리터 젤을 세필 브러시
에 묻혀 딥 프렌치 라인에
선을 그린 후 큐어링 하고
탑 젤을 바르고 다시 한
번 큐어링한다.

아가일 딥 프렌치

블랙 포인트
딥 프렌치

Tip

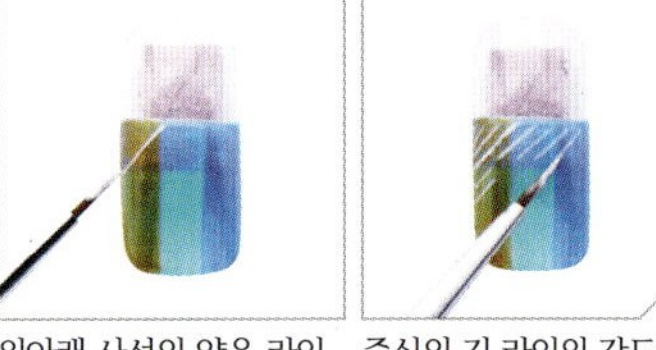

위아래 사선의 얇은 라인을 그릴 때 먼저 긴 라인을 그려 중심을 잡는다.

중심의 긴 라인의 각도와 평행이 되도록 위·아래의 짧은 선을 연결한다.

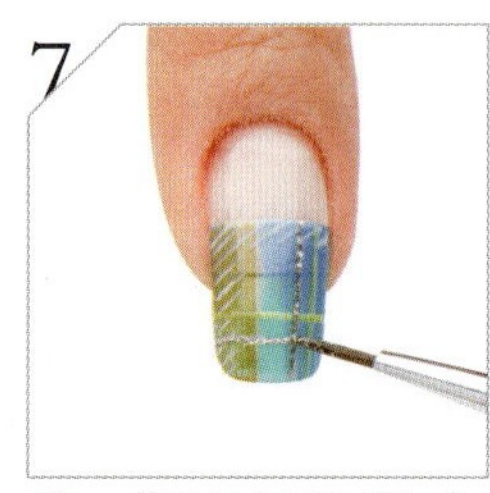

1 베이스 젤을 바르고 큐어링한 후 하늘색 컬러 젤을 사선 브러시를 이용해 2/3 지점까지 바르고 큐어링한다.

2 파란색 컬러 젤을 브러시에 묻혀 가로로 굵은 라인을 그린 후 큐어링한다.

3 진한 파란색 컬러 젤을 브러시에 묻혀 세로로 굵은 라인을 그린 후 큐어링한다.

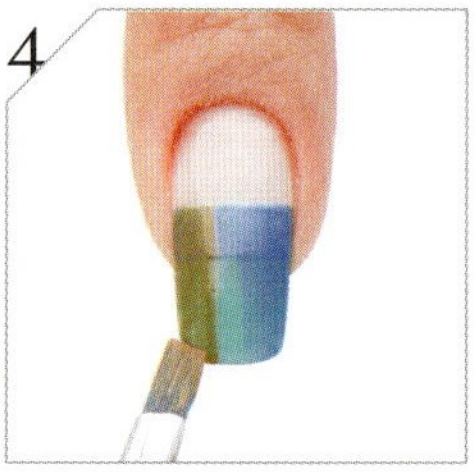

4 노란색 컬러 젤을 브러시에 묻혀 반대편에 다른 색상을 이용해 세로로 굵은 라인을 그린 후 큐어링한다.

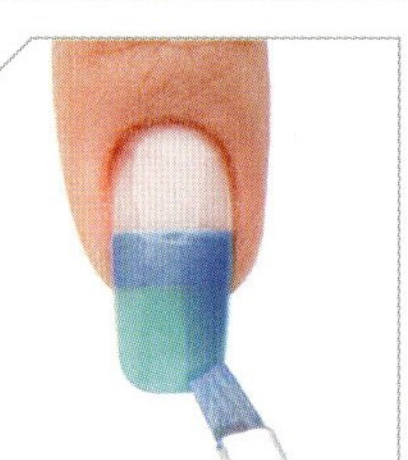
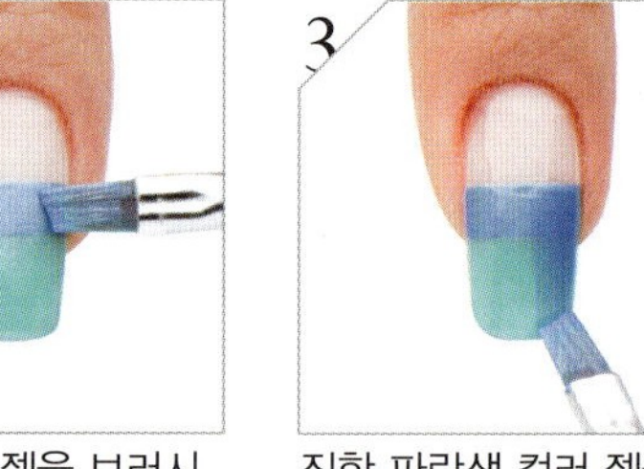

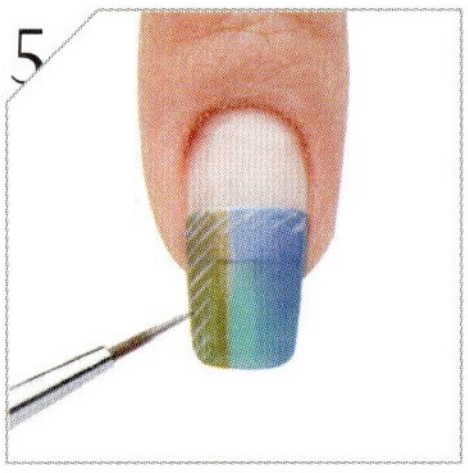

5 흰색 컬러 젤을 세필 브러시에 묻혀 사선을 그린 후 큐어링한다.

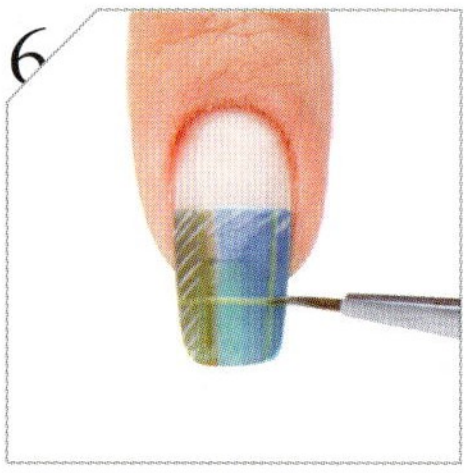

6 금색 컬러 젤을 세필 브러시에 묻혀 얇은 라인을 그린 후 큐어링한다.

7 체크 패턴이 나오도록 다시 한 번 글리터 젤을 이용해 얇은 라인을 그린 후 큐어링한다.

8 검은색 컬러 젤을 세필 브러시를 이용해 윗부분 경계선에 굵은 선을 그린 후 큐어링하고 탑 젤을 바르고 다시 한 번 큐어링한다.

네온 옐로와 민트 그린 컬러를
메인으로 한 체크 패턴에
귀여운 파츠를 장식했어요.

라임 그린 베이스에 블랙,
화이트, 옐로를 테마로 한
사선 체크 패턴을 연출하고
골드 컬러로 포인트를 주었어요.

멀티 컬러를 이용한 그러데이션
베이스에 젤 라이너를 이용해
체크 패턴을 연출했어요.

블루와 퍼플, 화이트 컬러를
이용해 그래픽한 체크 패턴을
완성했어요.

그린 계열의 색상을
톤온톤으로 연출한
체크 패턴에 스트라이핑
테이프와 스팽글을
장식했어요.

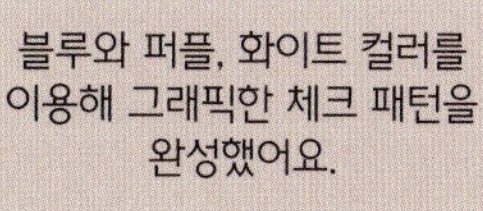

클래식 트위드

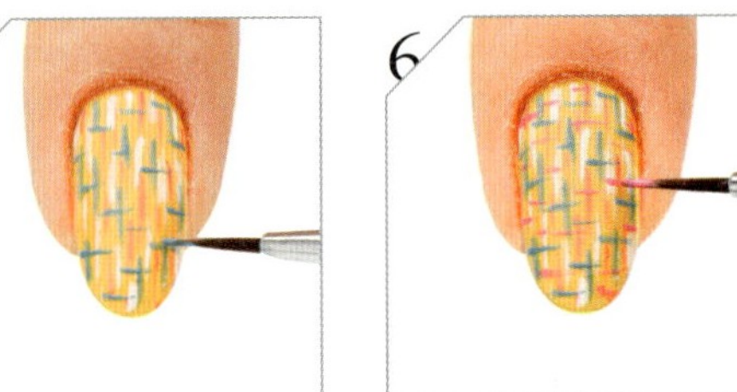

Tip

가로세로를 나누어 체크
모양을 만들어도 되지만
같은 색의 십자가 모양을
여러 군데 그려 체크를 만
드는 방법도 있다.

1

베이스 젤을 바르고 큐어
링한 후 노란색 폴리시 젤
을 전체적으로 바르고 다
시 한 번 큐어링한다.

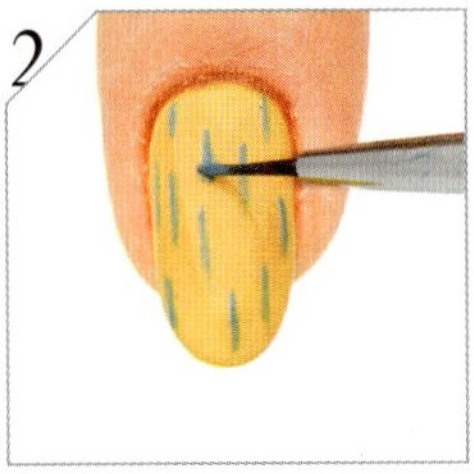

2

원하는 색상의 컬러 젤을
세필 브러시에 묻혀 세로
줄을 듬성듬성 그린 후 큐
어링한다.

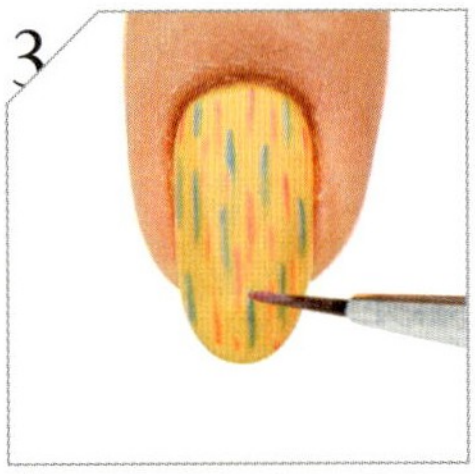

3

다른 색 컬러 젤을 세필
브러시를 이용해 처음 색
과 겹치지 않도록 세로줄
을 그린 후 큐어링한다.

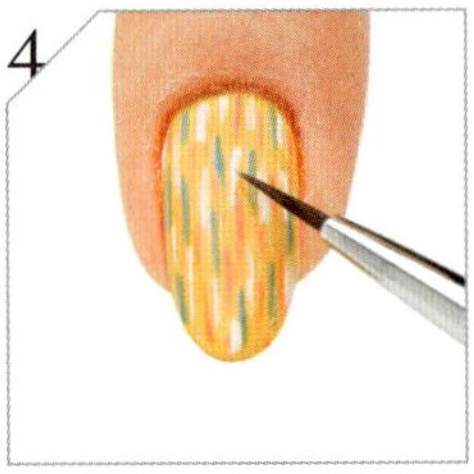

4

또 다른 색 컬러 젤을 세
필 브러시를 이용해 촘촘
히 세로줄을 그린 후 큐어
링한다.

5

2번 색상을 이용해 십자
가 형태로 가로줄을 그린
후 큐어링한다.

6

3번 색상을 이용해 가로줄
이 세로줄과 겹치게 그린
후 큐어링 한다.

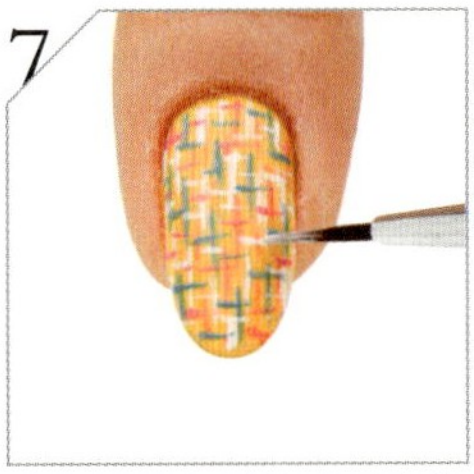

7

4번 색상을 이용해 6번과
동일하게 작업한다.

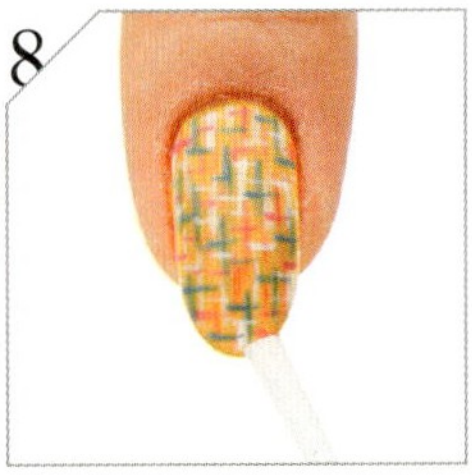

8

탑 젤을 바른 후 큐어링
한다.

그린과 핑크 컬러를 테마로,
체크 패턴의 프렌치 아트에
핸드페인팅 프릴을 장식했어요.

메탈릭 실버 컬러의 베이스에
멀티 컬러를 이용해 사선
체크 패턴을 완성했어요.

세련된 블랙 컬러 베이스에
핫 핑크와 퍼플 컬러를
포인트로 사용하고
사선 체크를 연출했어요.

퍼플과 누드 컬러를 이용해
체크 패턴을 그려넣고 골드 젤
라이너로 포인트를 주었어요.

레드와 블랙 컬러를 이용한
베이스에 화이트 컬러를 이용해
체크를 완성했어요.

Chapter 4. Pro Art

핸드페인팅 Hand Painting;

[포크아트, 그래픽, 팝 아트 등 다양한 장르의 그림을 브러시를
이용해 네일에 직접 그려 넣는 기법을 소개한다.]

트로피컬 와일드 플라워

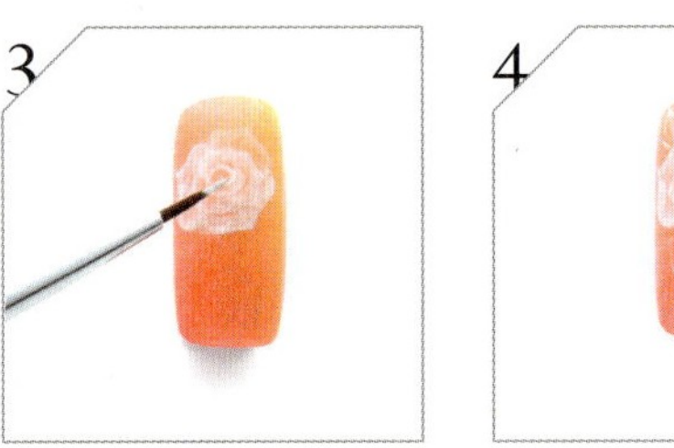

1
베이스 젤을 바르고 큐어링한 후 흰색 폴리시 젤을 전체적으로 바르고 다시 한 번 큐어링한다.

2
여러 가지 색상의 폴리시 젤을 덜어내 브러시에 묻혀 꽃모양을 그린 후 큐어링한다.

3
검은색 컬러 젤을 세필 브러시에 묻혀 라인으로 꽃 형태를 표현하고 큐어링한다.

4
검은색 젤을 세필 브러시에 묻혀 꽃 중앙에 꽃술을 그린 후 큐어링하고 탑 젤을 바른 뒤 다시 한 번 큐어링한다.

화이트 로즈

1
베이스 젤을 발라 큐어링하고 노란색과 주황색 폴리시 젤을 스펀지에 묻혀 전체적으로 그러데이션 한 후 큐어링한다.

2
흰색 컬러 젤을 사선 브러시에 묻혀 꽃잎 아랫단을 그린 후 큐어링한다.

3
흰색 컬러 젤을 사선 브러시에 묻혀 겹쳐서 꽃잎 안쪽을 그리고 큐어링 한 후 세필 브러시를 이용해 꽃 심지를 그리고 큐어링한다.

4
흰색 컬러 젤을 세필 브러시에 묻혀 나뭇잎을 그린 후 라인을 그리고 큐어링 한 후 탑 젤을 바른 뒤 다시 한 번 큐어링한다.

홀로그램 블랙 로즈

1.  베이스 젤을 바르고 큐어링한 후 여러 가지 색상의 글리터 폴리시 젤을 전체적으로 그러데이션을 한 후 큐어링한다.

2. 검은색 컬러 젤을 세필 브러시에 묻혀 라인 장미를 그린다.

3. 전체적으로 장미를 그린다.

4. 검은색 컬러 젤을 세필 브러시에 묻혀 빈 공간을 채운 후 큐어링하고 탑 젤을 바른 뒤 다시 한 번 큐어링한다.

체리 블로섬 프렌치

1.  베이스 젤을 바르고 큐어링한 후 고동색 폴리시 젤을 이용해 둥근 사선 프렌치를 그리고 큐어링한다.

2. 보라색 컬러 젤을 둥근 브러시에 묻혀 꽃잎의 형태를 그린 후 큐어링한다.

3. 흰색 컬러 젤을 세필 브러시에 묻혀 꽃잎 테두리를 그린 후 큐어링한다.

4. 흰색 컬러 젤을 세필 브러시에 묻혀 나뭇잎을 그리고 꽃술을 그린 후 큐어링하고 탑 젤을 바른 뒤 다시 한 번 큐어링한다.

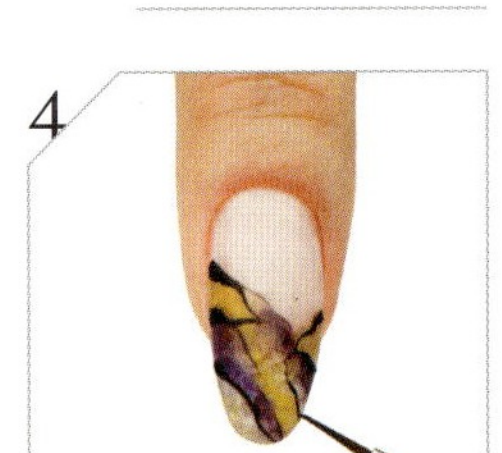

마블 플라워
딥 프렌치

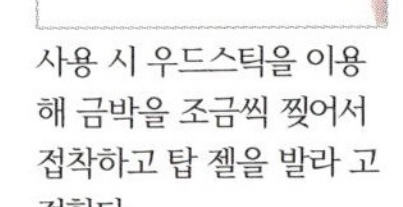

Tip

사용 시 우드스틱을 이용
해 금박을 조금씩 찢어서
접착하고 탑 젤을 발라 고
정한다.

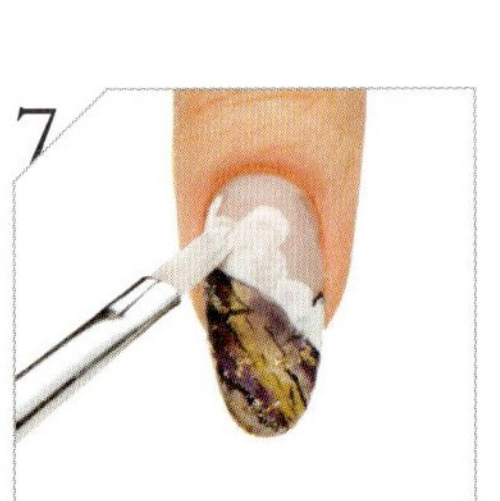
1
베이스 젤을 바르고 큐어
링한 후 누드색 컬러 젤을
둥근 브러시에 묻혀 바른
후 큐어링한다.

2
마블을 위해 다양한 색상
의 폴리시 젤을 브러시에
묻혀 사진과 같이 바른다.

3
브러시를 이용해 색들의
경계선을 없앤다.

4
검은색 컬러 젤을 세필
브러시에 묻혀 라인을 그
린다.

5
한쪽면만 그러데이션 되
도록 깨끗한 브러시로 펼
쳐준 후 큐어링한다.

6
금박을 군데군데 붙인다.

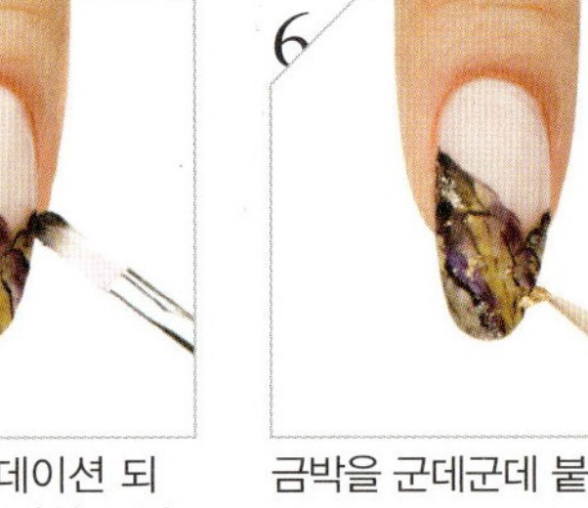
7
흰색 컬러 젤을 둥근 브러
시에 묻혀 꽃잎 형태를 그
려준 후 큐어링한다.

8
검은색 컬러 젤을 세필 브
러시에 묻혀 꽃잎 형태의
라인을 그린 후 큐어링하
고 탑 젤을 바른 뒤 큐어
링한다.

글리터 젤 베이스에
블랙 컬러 젤을 바른 후
핸드페인팅 플라워를 그려 넣어
오묘한 느낌을 더했어요.

퍼플 컬러의 베이스에
다양한 스톤을 장식해 하트
모티브를 완성하고 핸드페인팅
플라워를 장식했어요.

그린 계열 색상의 톤온톤
프렌치 아트에 핸드페인팅
플라워를 연출했어요.

블루 계열 색상으로
마블 효과를 연출한 후
버터플라이와 플라워 디자인의
핸드페인팅 아트를 완성했어요.

멀티 컬러를 이용한
그러데이션 베이스에 프렌치
아트를 완성한 후 핸드페인팅
플라워를 장식했어요.

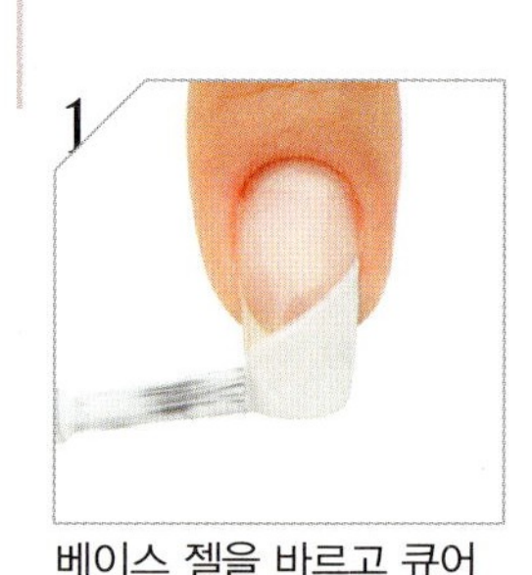

레드 로즈
하프 프렌치

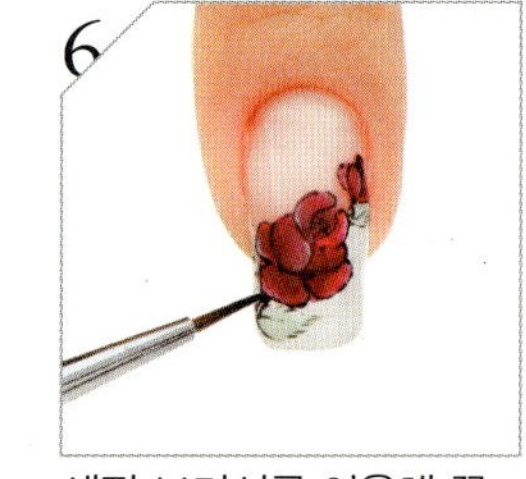

베이스 젤을 바르고 큐어
링한 후 흰색 폴리시 젤을
이용해 사선 프렌치를 그
린 후 큐어링한다.

Tip

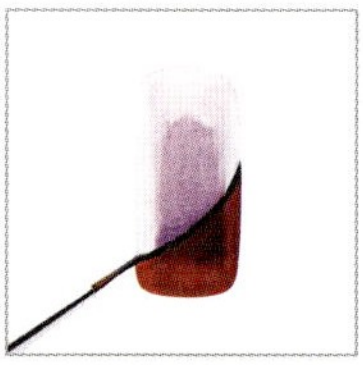

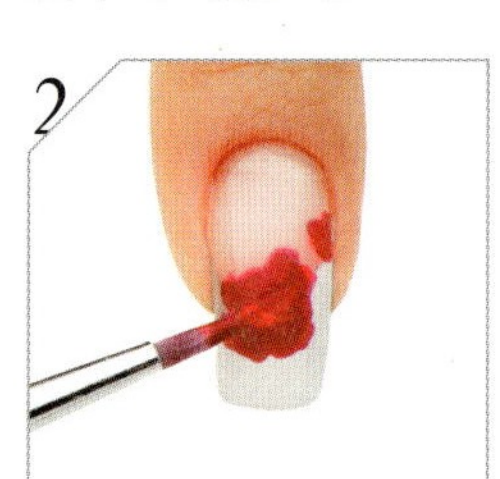

사선 프렌치의 윗부분에
맞춰 세필 브러시를 이용해
깨끗하게 라인을 잡는다.

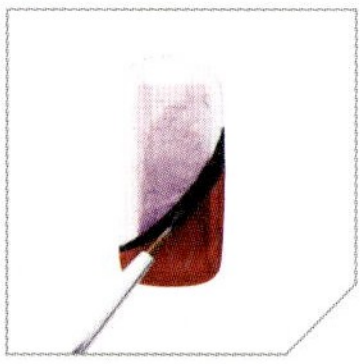

브러시를 눌렀다 힘을 빼
고 일어나듯 세우면서 힘
을 조절해 굵고 점점 얇게
라인을 그린다.

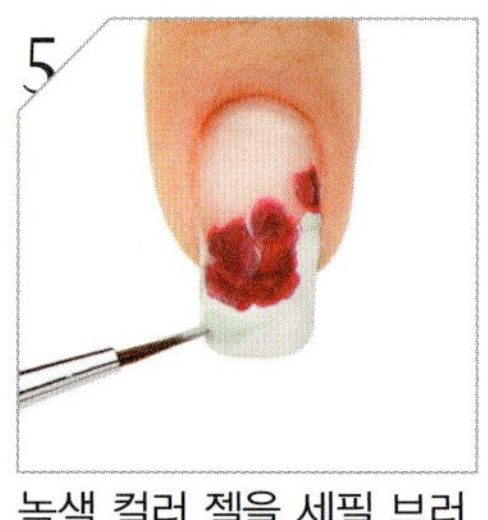

빨간색 폴리시 젤을 굵은
세필 브러시에 묻혀 장미
모양의 형태를 그린 후 큐
어링한다.

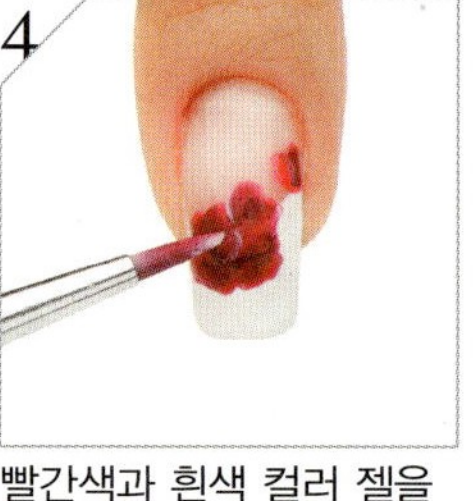

검은색과 빨간색의 컬러
젤을 섞어 장미에 명암을
준 후 큐어링한다.

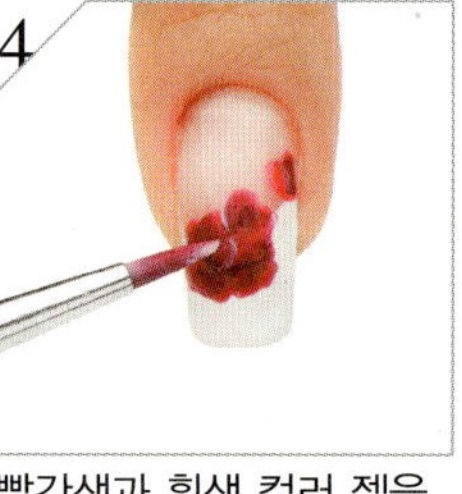

빨간색과 흰색 컬러 젤을
섞어 장미의 입체감을 살
려 준 후 큐어링한다.

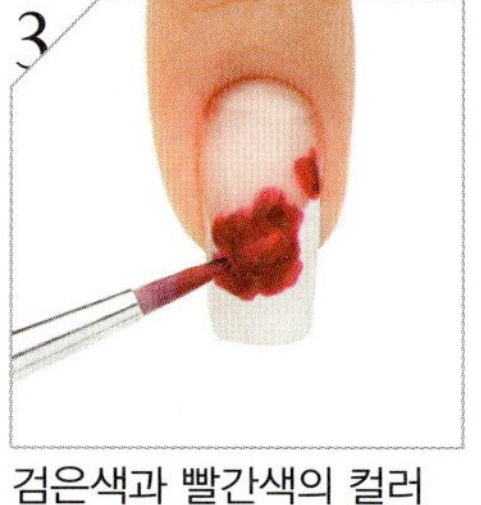

녹색 컬러 젤을 세필 브러
시에 묻혀 잎을 그린 후
큐어링한다.

세필 브러시를 이용해 꽃
잎과 잎을 그리고 큐어링
한 후 탑 젤을 바른 뒤 다
시 한 번 큐어링한다.

핑크와 화이트 베이스에
수채화 느낌의 플라워 아트를
핸드페인팅 기법으로
완성했어요.

투명한 베이스에 마블 기법을
이용해 수채화 느낌의 플라워를
그려 넣었어요.

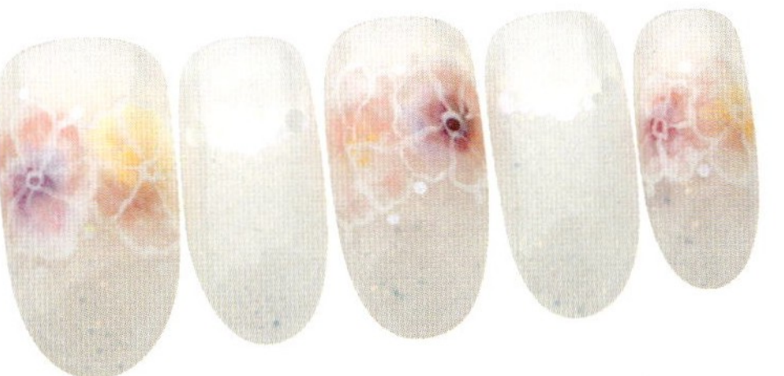

화이트와 핫 핑크 베이스에
멀티 컬러를 이용해 그래픽
플라워 패턴을 연출했어요.

누드 계열의 베이스에 골드
컬러를 이용해 핸드페인팅
장미를 완성했어요.

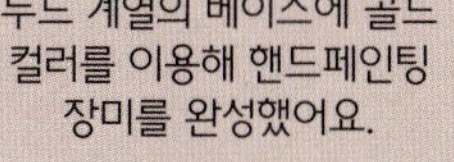

민트 그린과 레몬 옐로 컬러를
이용한 스트라이프 프렌치
아트에 청초한 핸드페인팅
플라워 아트를 연출했어요.

로맨틱 리본 프렌치

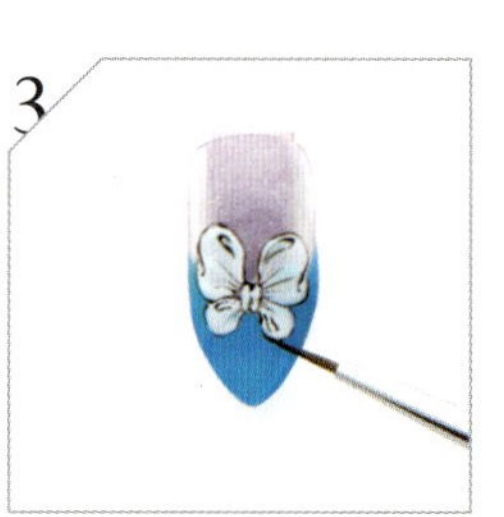

베이스 젤을 바르고 큐어링한 후 하늘색 폴리시 젤을 이용해 프렌치를 디자인하고 큐어링한다.

흰색 컬러 젤을 둥근 브러시에 묻혀 리본 형태를 그린 후 하늘색 컬러 젤을 이용해 명암을 표현하고 큐어링한다.

검은색 컬러 젤을 세필 브러시에 묻혀 리본의 입체감을 살려 그린 후 큐어링한다.

탑 젤을 바른 후 프렌치 부분에 스팽글을 붙이고 큐어링한다. 탑 젤을 바른 후 다시 한 번 큐어링한다.

레이스업 프렌치

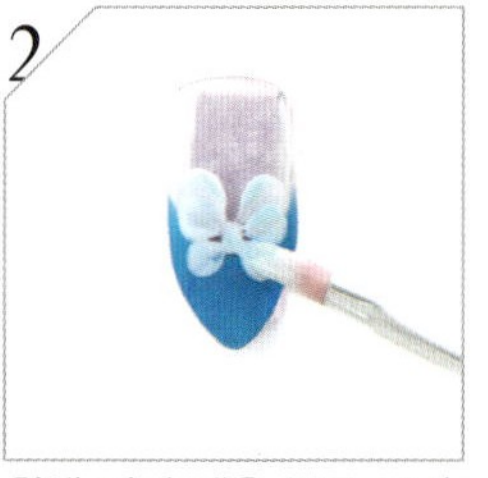

베이스 젤을 바르고 큐어링한 후 자주색 폴리시 젤을 사선 형태로 사이를 띄고 바른 뒤 큐어링한다.

분홍색 컬러 젤을 사선 브러시에 묻혀 프렌치 라인 위로 길고 짧게 겹쳐서 그린 후 큐어링한다.

흰색 컬러 젤을 스틱에 묻혀 도트를 찍어 큐어링한다.

검은색 컬러 젤을 세필 브러시에 묻혀 라인을 그리고 큐어링한 후 탑 젤을 바른 뒤 큐어링한다.

1

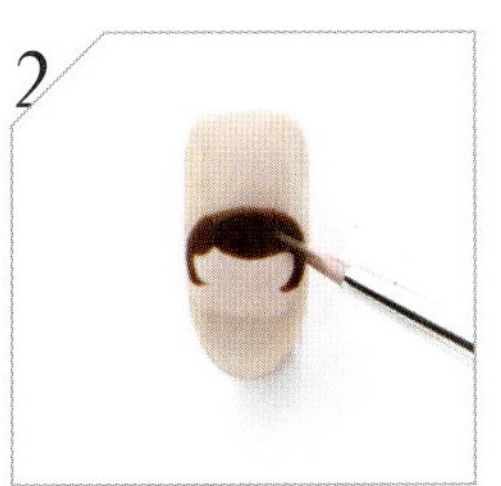

베이스 젤을 바르고 큐어링한 후 베이지색 폴리시 젤을 전체적으로 바르고 큐어링한 뒤 살구색 컬러 젤을 브러시에 묻혀 형태를 그린 후 큐어링한다.

2

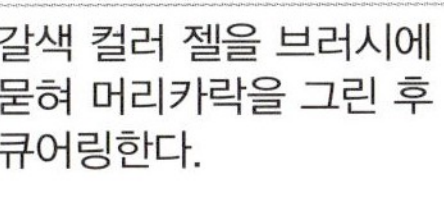

갈색 컬러 젤을 브러시에 묻혀 머리카락을 그린 후 큐어링한다.

3

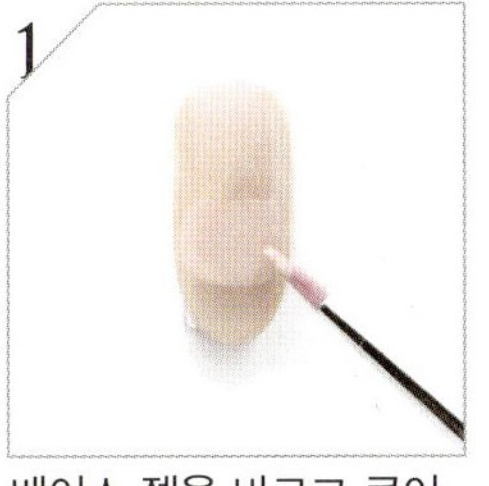

진분홍색 컬러 젤을 브러시에 묻혀 모자를 그리고 블러셔 색상은 탑 젤을 섞어 묽게 만들어 칠하고 큐어링한다.

4

검은색 컬러 젤을 세필 브러시에 묻혀 테두리와 눈을 그리고 큐어링한 후 탑 젤을 바른 뒤 다시 한 번 큐어링한다.

캐릭터 도트

1

베이스 젤을 바르고 큐어링한 후 분홍색 폴리시 젤을 전체적으로 바르고 큐어링한 뒤 컬러 젤을 둥근 브러시에 묻혀 딸기를 그리고 큐어링한다.

2

진분홍색 컬러 젤을 세필 브러시에 묻혀 딸기 씨를 그리고 큐어링한다.

3

흰색 컬러 젤을 세필 브러시에 묻혀 잎과 씨를 그리고 큐어링한다.

4

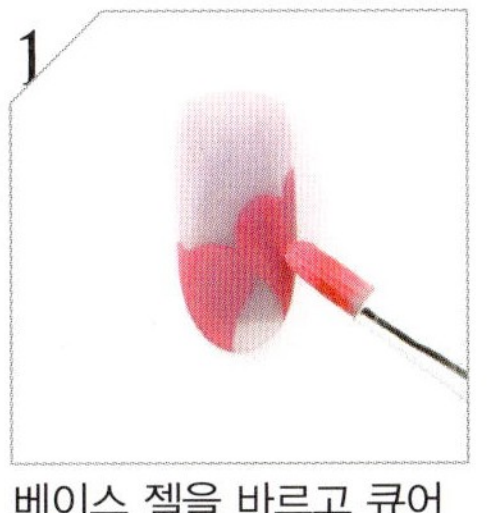

검은색 컬러 젤을 세필 브러시에 묻혀 테두리를 그리고 큐어링한 후 탑 젤을 바른 뒤 다시 한 번 큐어링한다.

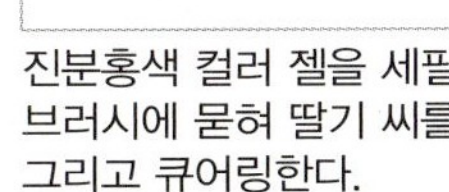

스위트 스트로베리

스팽글
버터플라이
프렌치

Tip

두 가지 색을 반씩 나눠 프 렌치를 하고 큐어링한다. 진한 색을 반을 바르고 연 한 색을 진한색의 반까지 한 번에 발라준다.

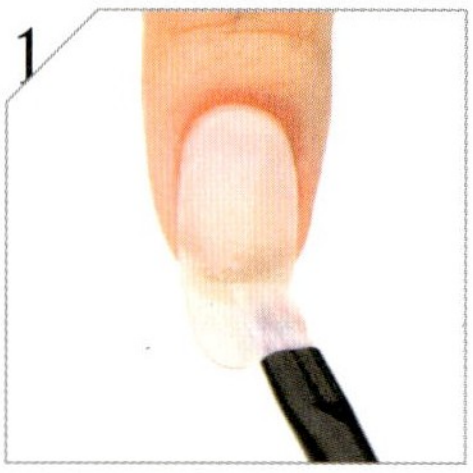

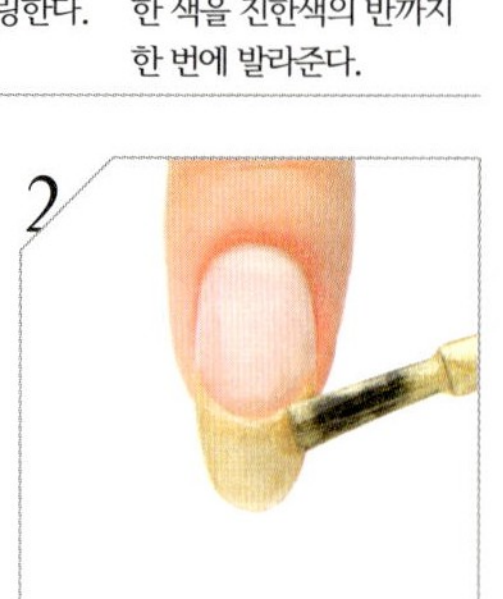

1
베이스 젤을 바르고 큐어 링한 후 누드색 컬러 젤을 브러시에 묻혀 전체적으 로 바르고 다시 한 번 큐 어링한다.

2
금색 폴리시 젤을 이용해 프렌치를 디자인하고 큐 어링한다.

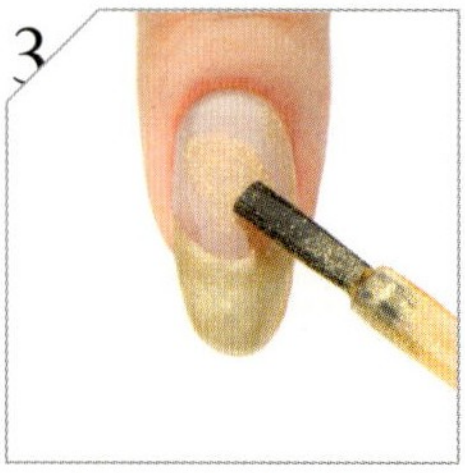

3
글리터 컬러의 폴리시 젤 을 이용해 나비를 그린 후 큐어링한다.

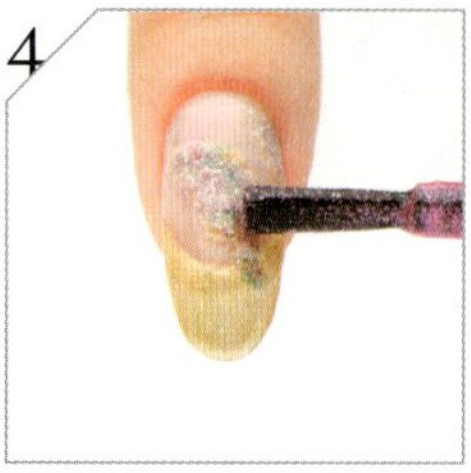

4
여러 가지 글리터 폴리시 젤을 믹스해 나비의 색상 을 표현한 후 큐어링한다.

5
클리어 젤을 소량 바르고 여러 가지 스팽글을 나비 날개에 붙인 후 큐어링 한다.

6
검은색 컬러 젤을 세필 브 러시에 묻혀 나비 형태의 라인을 그리고 큐어링한 후 탑 젤을 바른 뒤 큐어 링한다.

와일드한 호랑이를 핸드페인팅
기법으로 직접 그려 넣고
로맨틱한 레이스를 포인트로
더해 관능적인 프렌치
아트를 완성했어요.

레드와 골드 컬러를 이용한
더블 프렌치 아트에
산타클로스와 눈사람 모티브를
차용해 크리스마스 테마의
아트를 연출했어요.

핑크와 핫 핑크 컬러의
베이스에 레터링과 별,
하트 등의 모티브를 활용해
팝 아트 분위기를 더했어요.

화이트 베이스에 블루와
레드를 테마로 한 마린 스타일
아트를 완성했어요.

다양한 컬러의 파스텔 컬러
베이스에 달콤한 캔디를
테마로 입체적인
아트를 연출했어요.

큐트 키티 캣

1. 베이스 젤을 바르고 큐어링한 후 펄감이 있는 흰색 폴리시 젤을 전체적으로 바른 뒤 큐어링한다.

2. 흰색 컬러 젤을 브러시에 묻혀 고양이 얼굴 형태를 그린 후 큐어링한다.

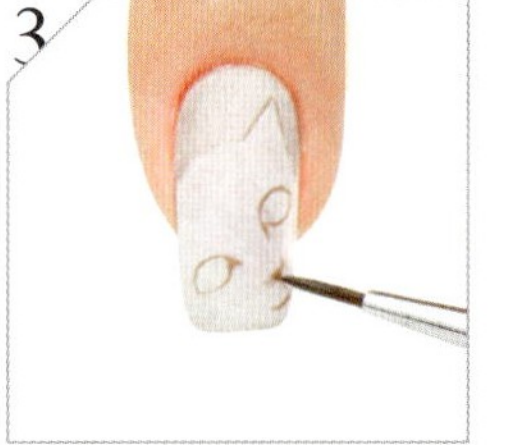

3. 갈색 컬러 젤을 세필 브러시에 묻혀 연하게 고양이 이목구비를 그린 후 큐어링한다.

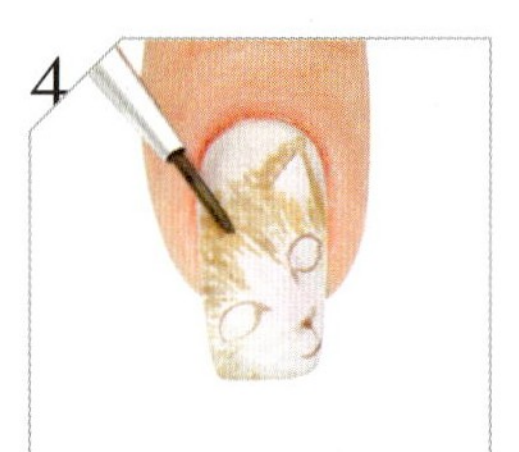

4. 세필 브러시를 이용해 고양이털을 그린 후 큐어링한다.

Tip

발바닥 형태를 둥근 삼각형 느낌으로 원근감을 살려 여러 개 그린다.

브러시를 이용해 톡톡 찍듯이 발가락 형태를 그린다.

5. 검은색 컬러 젤을 이용해 명암을 준 후 큐어링한다.

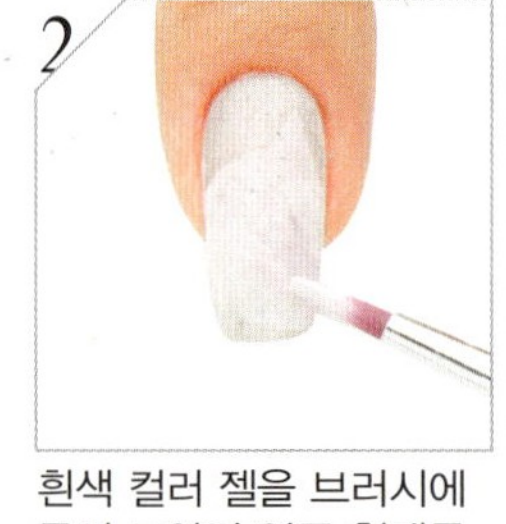

6. 흰색 컬러 젤을 이용해 입체감을 준 후 큐어링한다.

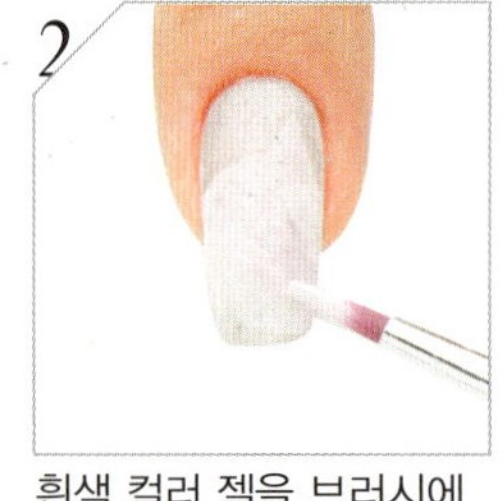

7. 세필 브러시를 이용해 눈을 그린 후 큐어링한다.

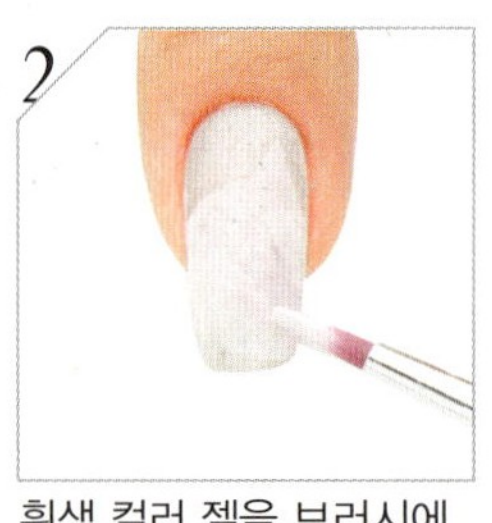

8. 세필 브러시를 이용해 입의 형태를 다시 한 번 그리고 큐어링한 후 탑 젤을 바른 뒤 다시 한 번 큐어링한다.

멀티 컬러를 이용해 아티스틱한
마블 효과를 주었어요.

화이트 베이스에 럭셔리한
패션 테마의 파츠를 장식하고
테두리를 스테인드글라스처럼
표현했어요.

파스텔 컬러의 베이스에 귀여운
곰돌이와 토끼, 병아리를 핸드
페인팅으로 그려 넣었어요.

펄감이 있는 화이트 컬러
베이스에 파스텔 컬러들을
이용해 마블 효과를 연출하고
희망의 풍선을 표현했어요.

화이트 베이스에 미지의 동물
유니콘을 그려넣었어요.

Chapter 5. Pro Art

프리 스타일 Free Style;

젤을 기본으로 스톤, 스티커, 마블, 체크, 핸드페인팅, 도트, 레오퍼드, 지브라 등
다양한 기법과 모티프를 접목시켜 연출한 아트를 소개한다.

에스닉 포인트
딥 프렌치

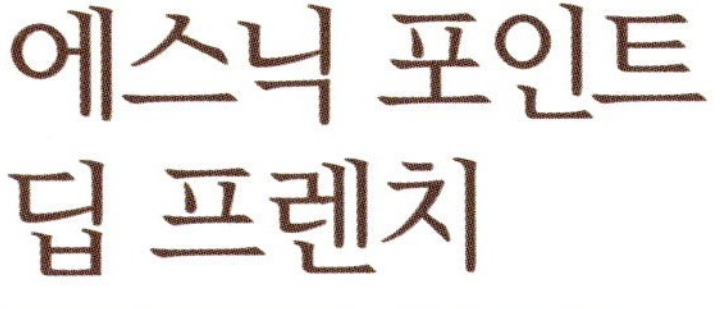

Tip

스톤을 손톱 전체적으로 붙이기 전 펄감이 있는 색상의 컬러 젤을 발라주면 스톤 사이사이 공간이 꽉 차 보인다.

1

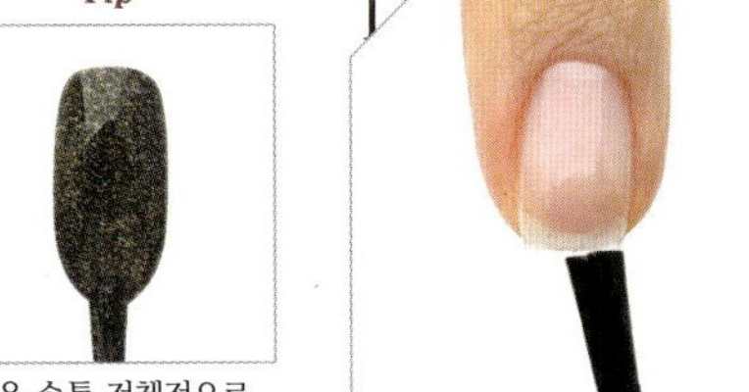

베이스 젤을 바르고 큐어링한 후 누드색 폴리시 젤을 전체적으로 바르고 큐어링한다.

2

검은색 폴리시 젤로 딥 프렌치를 하고 큐어링한다.

3

글리터 젤을 세필 브러시에 묻혀 삼각형을 그린 후 큐어링한다.

4

다른색 글리터 젤을 세필 브러시에 묻혀 역삼각형을 그린 후 큐어링한다.

5

프렌치 아래쪽에 스팽글을 붙인 후 큐어링한다.

6

탑 젤을 바른 후 큐어링한다.

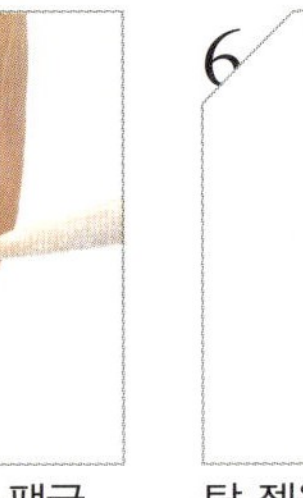
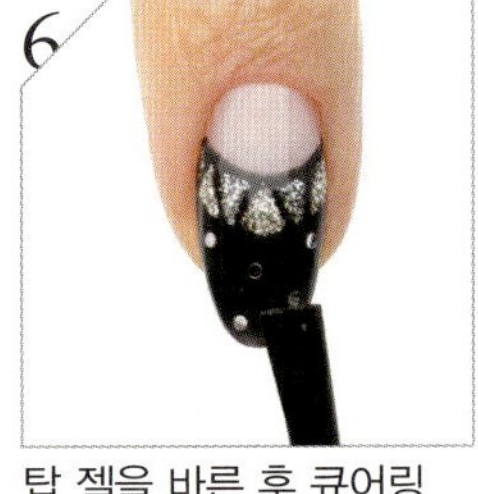

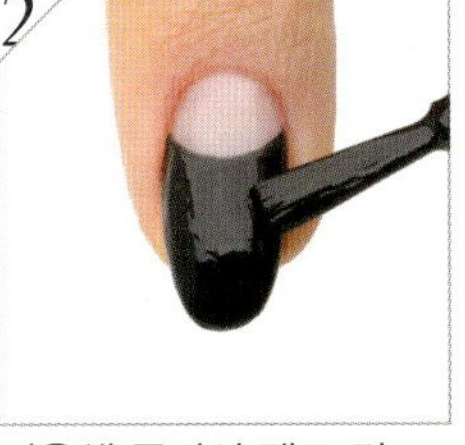

그래픽 지라프 딥 프렌치

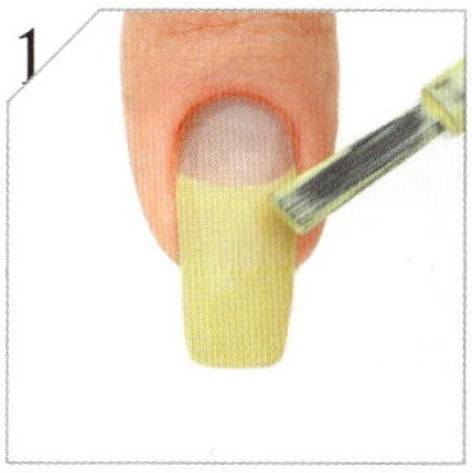

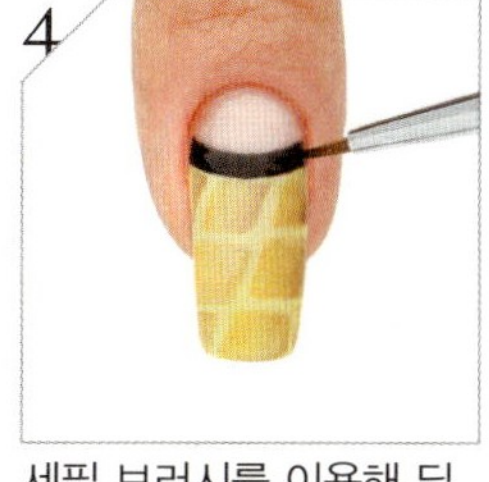

1 베이스를 바르고 큐어링
한 후 노란색 폴리시 젤을
이용해 딥 프렌치를 하고
큐어링한다.

2 노란색과 갈색 컬러 젤을
덜어 브러시에 더블 로딩*
한다.

3 로딩된 브러시를 이용해
사선 형태의 사각형을 그
린 후 큐어링한다.

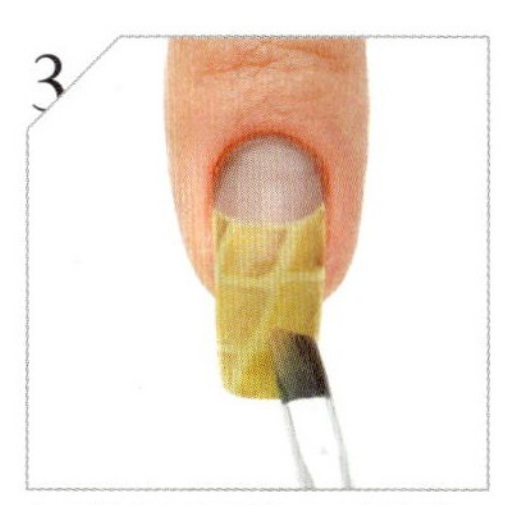

4 세필 브러시를 이용해 딥
프렌치 라인에 검은색의
굵은 선을 그린 후 큐어링
한다.

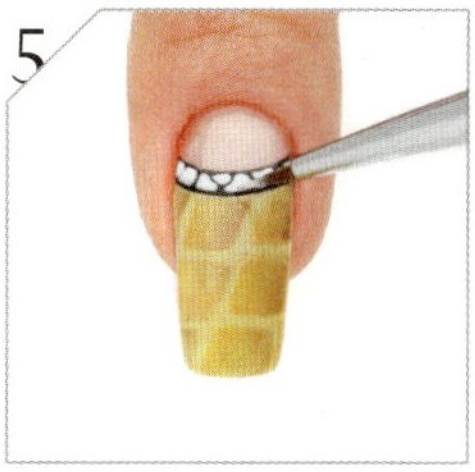

5 흰색 컬러 젤을 세필 브러
시에 묻혀 불규칙한 모양
의 점들을 그린 후 큐어링
한다.

6 탑 젤를 바른 후 큐어링
한다.

Tip

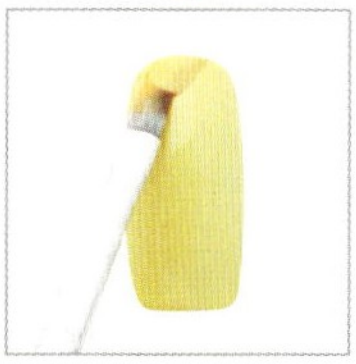

큐티클 중간 부분부터 사
선으로 패턴을 그려야 다음
간격을 맞추기 편리하다.

*더블 로딩 Double-loading 브러시에 두 가지 색상을 한꺼번에 묻혀 자연스러운 그러데이션을 연출하는 기법

그래픽 레인보우 도트

1 베이스 젤을 바르고 큐어링한 후 누드색 컬러 젤을 바르고 큐어링한다.

2 여러 가지 폴리시 젤을 랜덤으로 바른 후 큐어링한다.

3 다시 한 번 바르고 경계선을 깨끗한 브러시를 이용해 펴준 후 큐어링한다.

4 검은색 컬러 젤을 세필 브러시에 묻혀 타원형을 불규칙적으로 그린 후 큐어링한다.

5 검은색 컬러 젤을 세필 브러시에 묻혀 딥 프렌치 라인을 그린다.

6 검은색 컬러 젤을 세필 브러시에 묻혀 타원형을 제외한 빈 공간을 채운 후 큐어링한다.

7 글리터 젤을 세필 브러시에 묻혀 프렌치 라인을 그린 후 큐어링한다.

8 탑 젤을 바른 후 큐어링한다.

9 접착제를 이용해 링을 붙인다.

10 접착제를 이용해 뾰족한 스톤을 링 중앙에 세워서 붙인다.

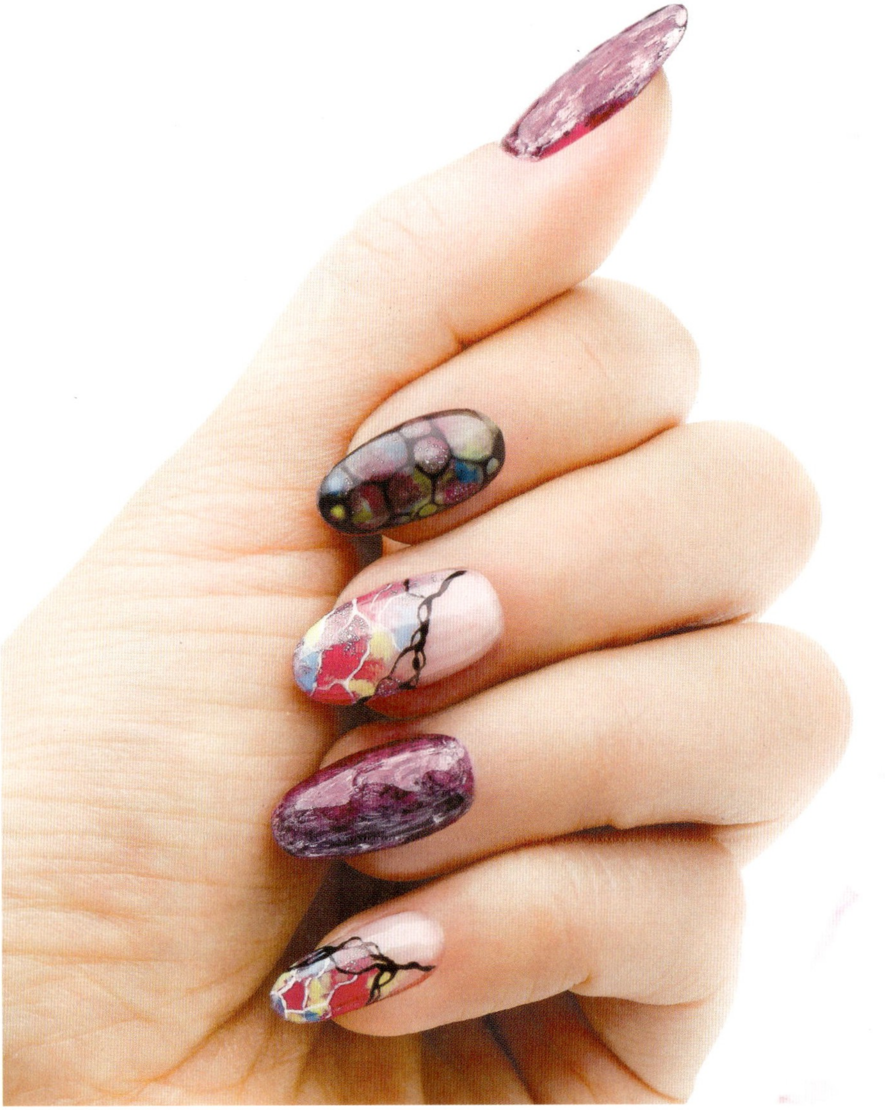

멀티 컬러 크로커다일

Tip

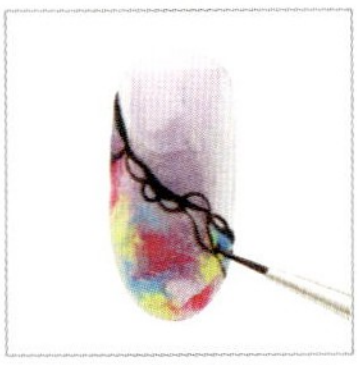

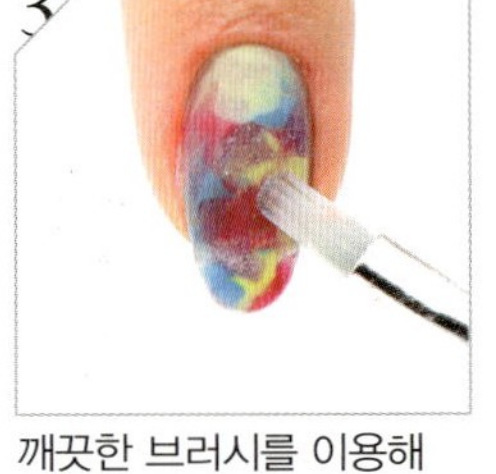

프렌치 라인에 검은색 라인부터 그린 후 프렌치 부분에 흰색 컬러 젤을 이용해 라인을 그린다.

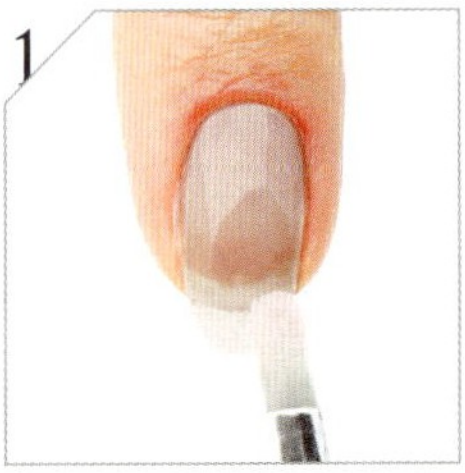

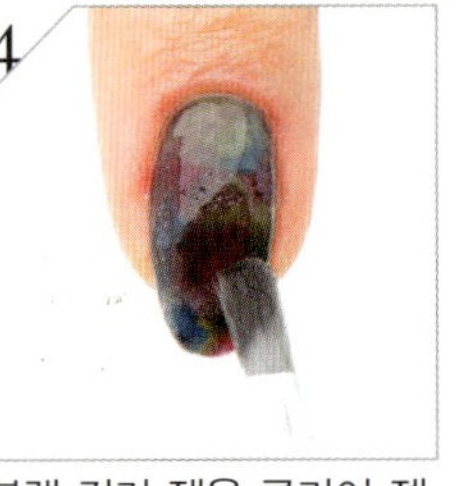

1 베이스 젤을 바르고 큐어링한 후 누드색 컬러 젤을 바르고 큐어링한다.

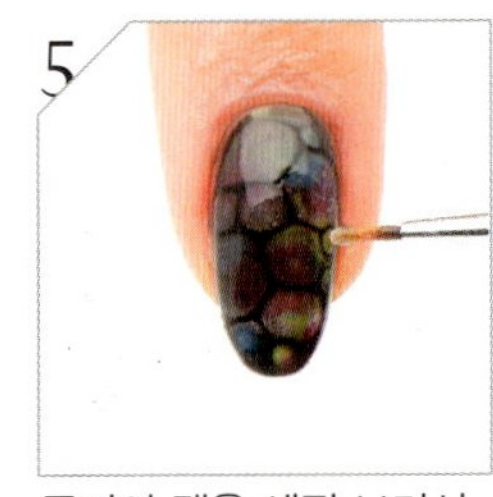

2 여러 가지 색상의 폴리시 젤을 군데군데 바른다.

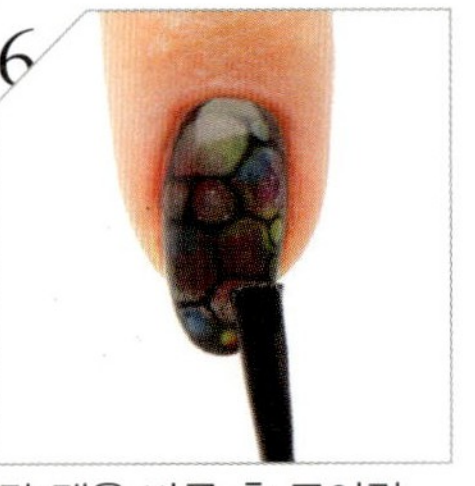

3 깨끗한 브러시를 이용해 경계선을 펴주면서 마블 느낌을 연출한 후 큐어링한다.

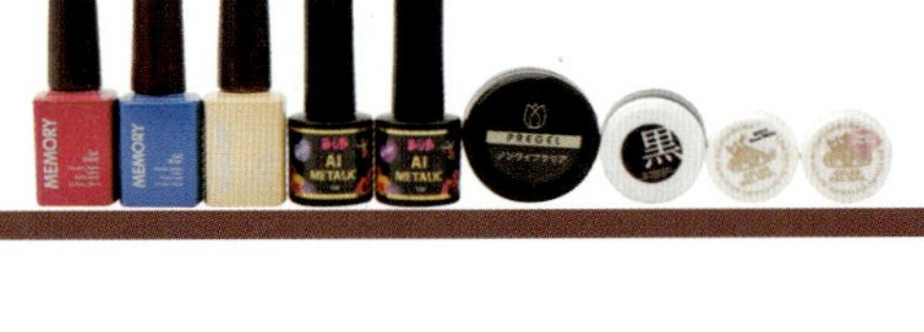

4 블랙 컬러 젤을 클리어 젤과 2대1 비율로 섞어 묽게 만든 후 전체를 바른다.

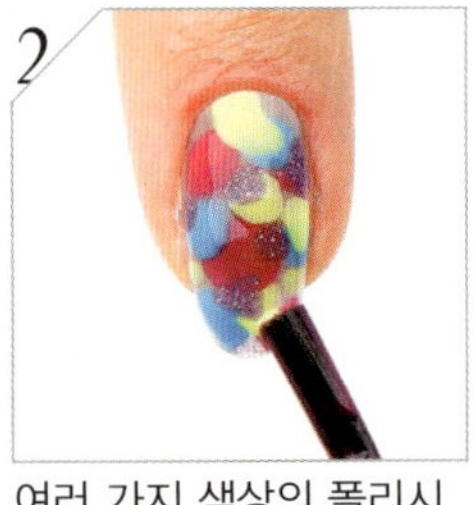

5 클리어 젤을 세필 브러시에 묻혀 군데군데 떨어뜨리고 퍼지면서 라인이 형성되면 큐어링한다.

6 탑 젤을 바른 후 큐어링한다.

멀티 컬러 화이트 스파이더 웹

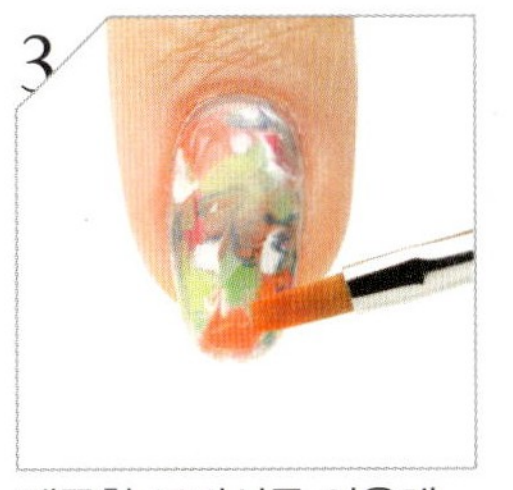

1

베이스 젤을 바른 후 큐어링한다.

2

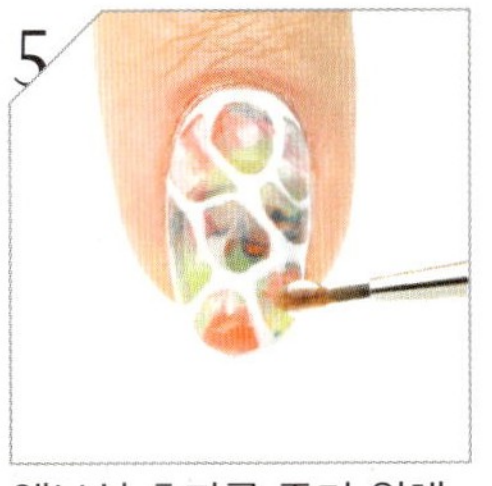

여러 가지 색상의 폴리시 젤을 군데군데 바른다.

3

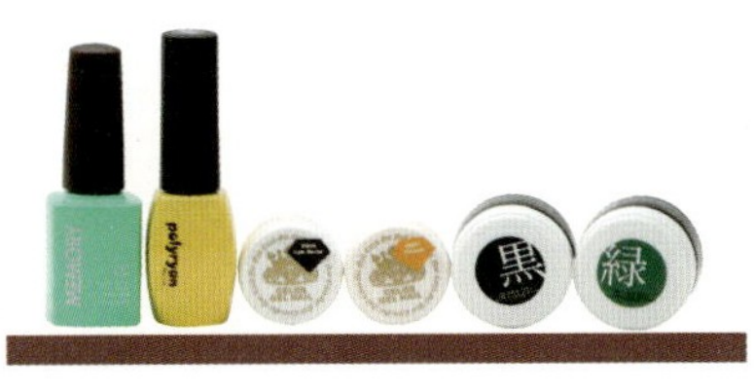

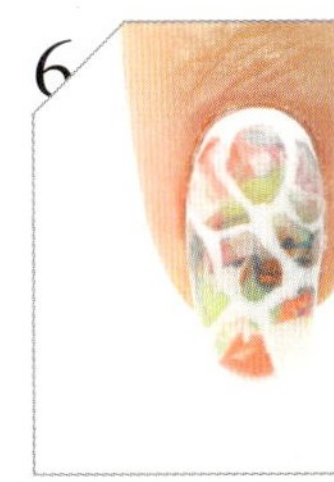

깨끗한 브러시를 이용해 경계선을 퍼주면서 마블 느낌을 연출한 후 큐어링한다.

4

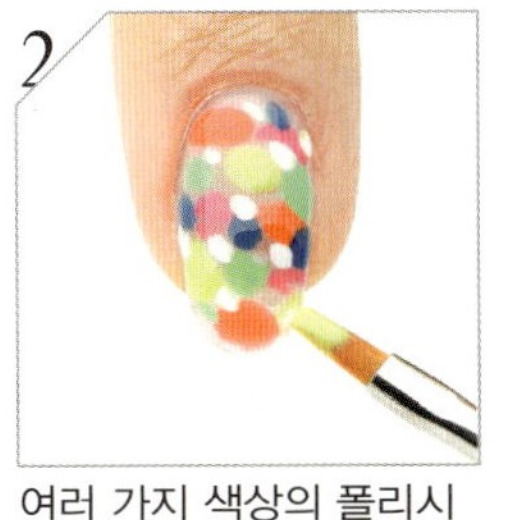

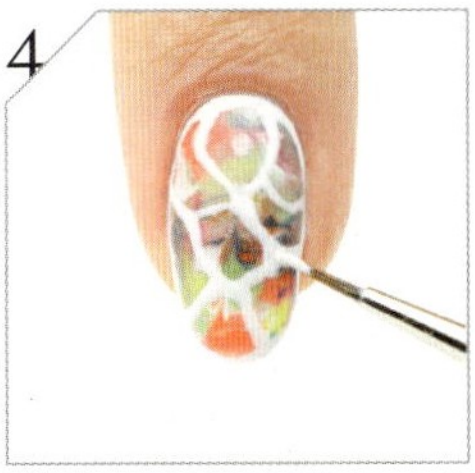

흰색 컬러 젤을 세필 브러시에 묻혀 불규칙한 형태의 라인을 그린 후 큐어링한다.

5

엠보싱 효과를 주기 위해 라인 안쪽으로 클리어 젤을 올려주고 큐어링한다.

6

탑 젤을 얇게 바른 후 큐어링한다.

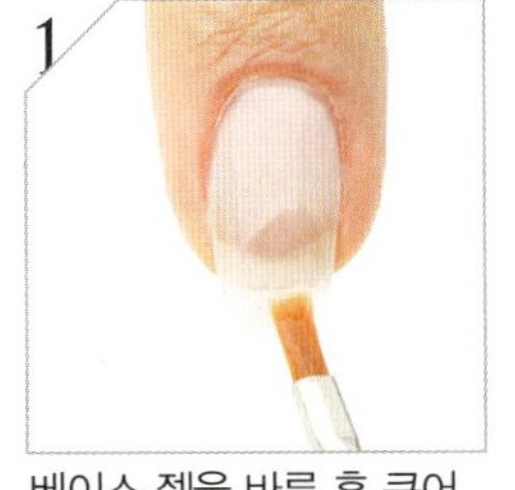

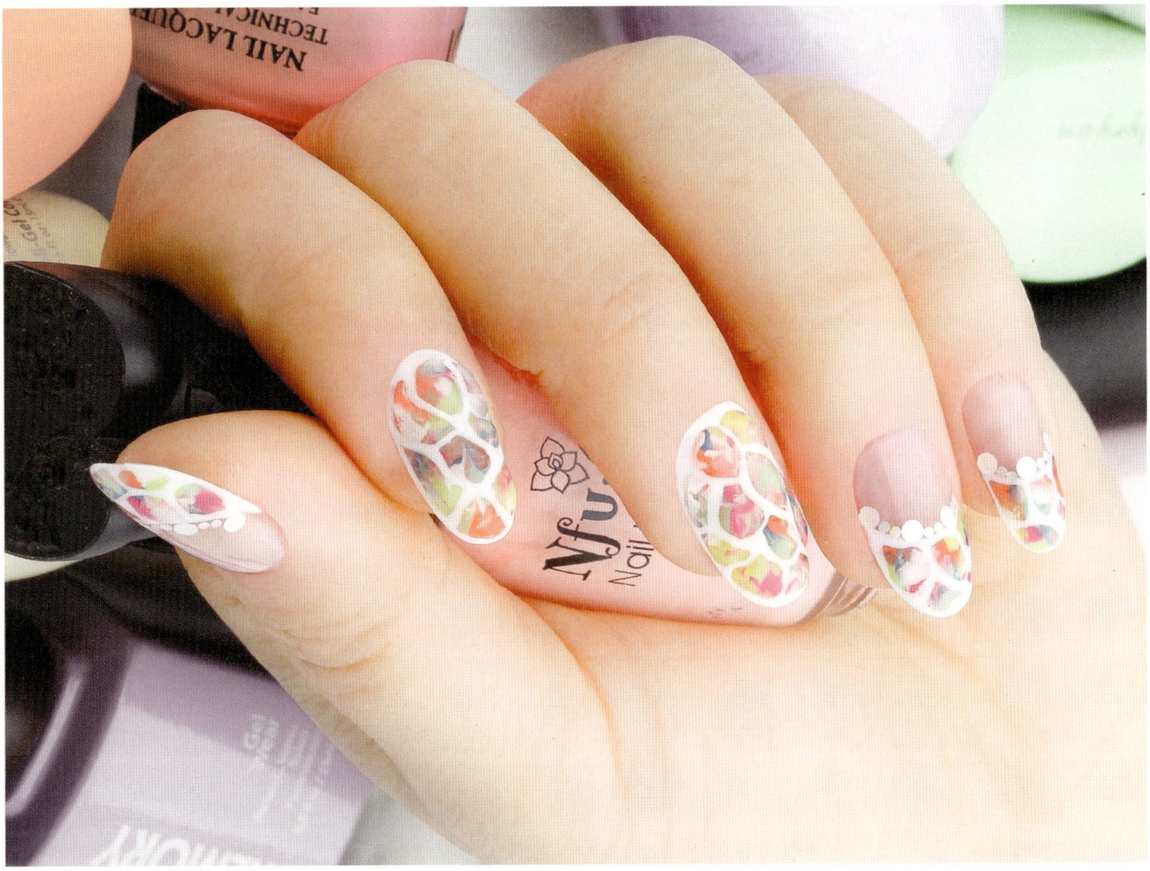

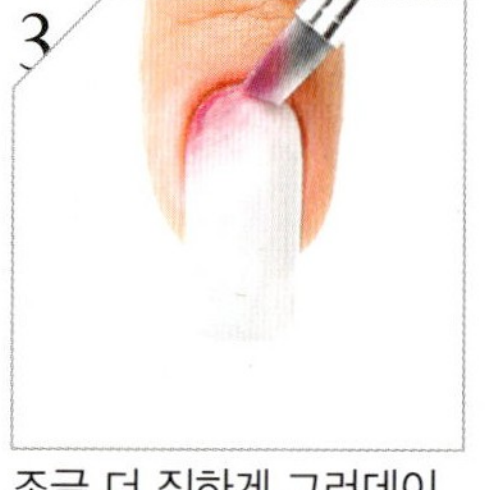

스프링
핑크 플라워

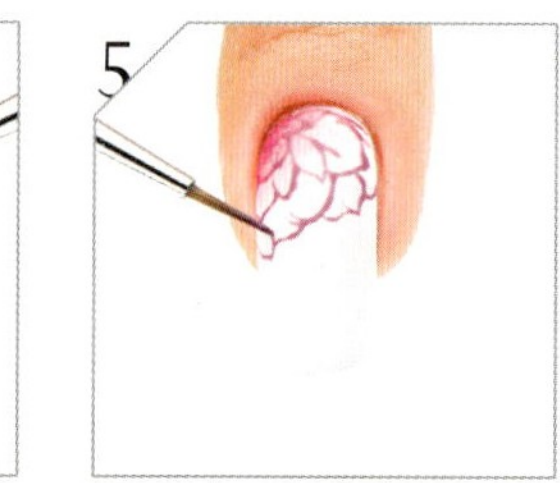

Tip

꽃잎과 꽃잎 사이가 겹쳐
지도록 다음 꽃잎 선을 그
려야 안정감이 있다.

1

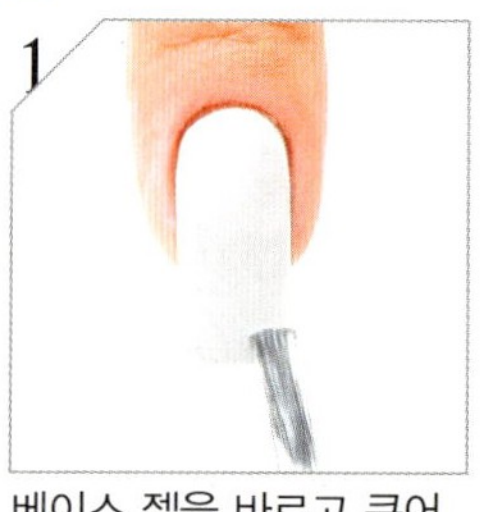

베이스 젤을 바르고 큐어
링한 후 흰색 폴리시 젤을
전체적으로 바른 뒤 큐어
링한다.

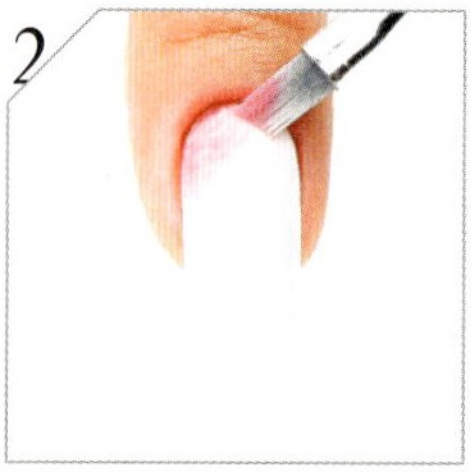

2

분홍색 컬러 젤을 브러시
에 흰색과 더블 로딩해 큐
티클 부분에 그러데이션
을 연출한 후 큐어링한다.

3

조금 더 진하게 그러데이
션을 연출한 후 큐어링
한다.

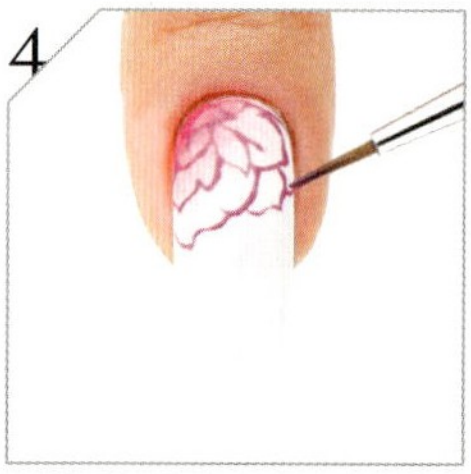

4

분홍색 컬러 젤을 세필 브
러시에 묻혀 꽃잎의 테두
리를 그린 후 큐어링한다.

5

꽃잎의 입체감을 살리기
위해 라인을 좀 더 섬세하
게 그린다.

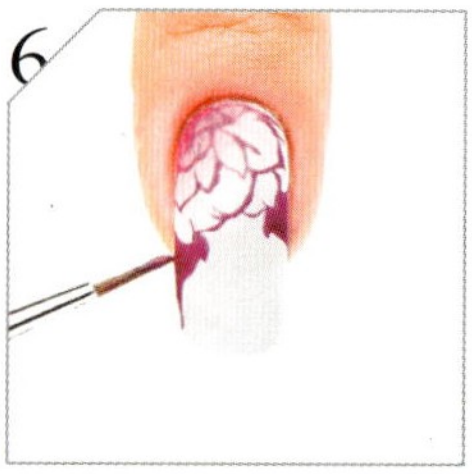

6

같은 색상으로 잎을 그리
고 큐어링하고 탑 젤을 발
라 큐어링한다.

프레시 체크 앤 체크

1. 베이스 젤을 바르고 큐어링한 후 민트색 폴리시 젤을 전체적으로 바른 뒤 큐어링한다.

2. 녹색 젤 라이너를 이용해 사선 라인을 그린 후 큐어링한다.

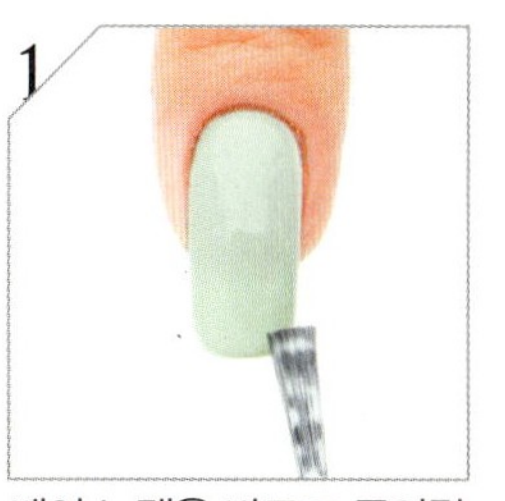

Tip

마름모꼴을 그릴 때 큐티클 라인을 3등분해 구도를 잡으면 편리하다.

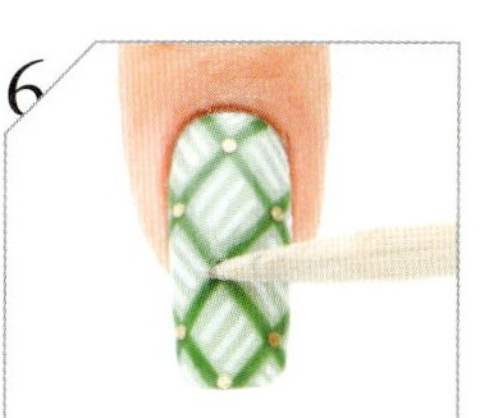

3. 같은 색상을 이용해 반대쪽으로 사선 라인을 그린 후 큐어링한다.

4. 흰색 컬러 젤을 세필 브러시에 묻혀 미름모꼴 사이에 사선 빗금을 그린 후 큐어링한다.

5. 나머지 마름모꼴에 반대 시선으로 빗금을 그린 후 큐어링한다.

6. 사선이 겹치는 부분에 스펭글을 붙인 후 탑 젤을 바르고 큐어링한다.

키스미 블루

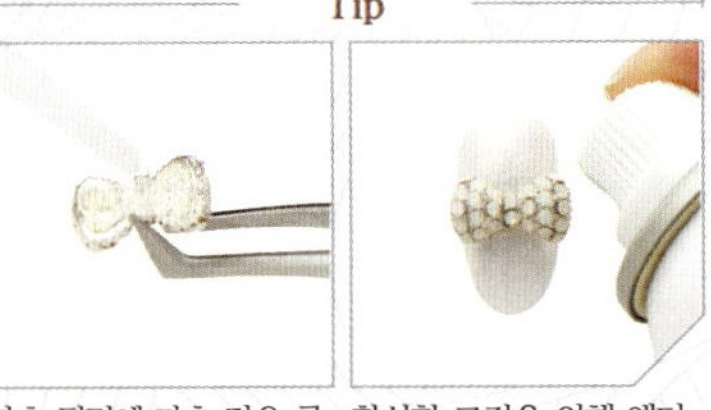

Tip

파츠 뒷면에 파츠 전용 글
루를 꼼꼼히 바른다.

확실한 고정을 위해 액티
베이터를 소량 뿌린다.

1

베이스 젤을 바르고 큐어
링한 후 하늘색 폴리시 젤
을 전체적으로 바른 뒤 큐
어링한다.

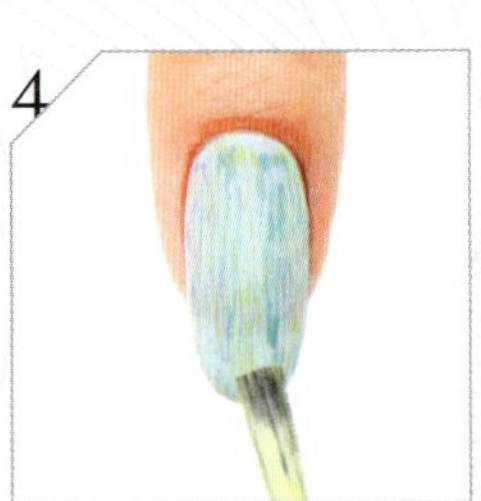

2

파란색 폴리시 젤의 브러
시에 소량을 가볍게 터치
하듯 바른 후 큐어링한다.

3

연보라색 폴리시 젤을 이
용해 빈 공간을 조금씩 채
운 후 큐어링한다.

4

연두색 폴리시 젤을 이용
해 빈 공간을 조금씩 채운
후 큐어링한다.

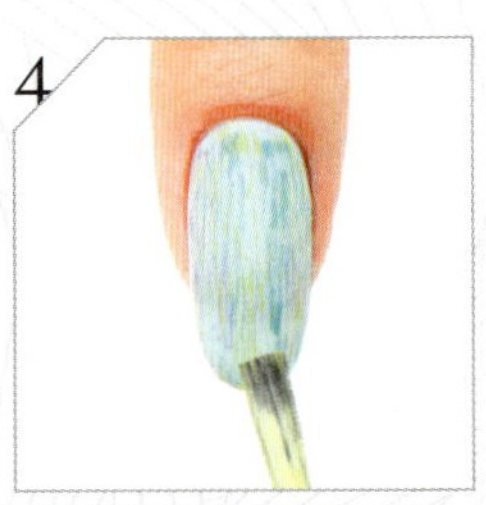

5

흰색 폴리시 젤을 이용해
빈 공간을 조금씩 채운
후 큐어링한다.

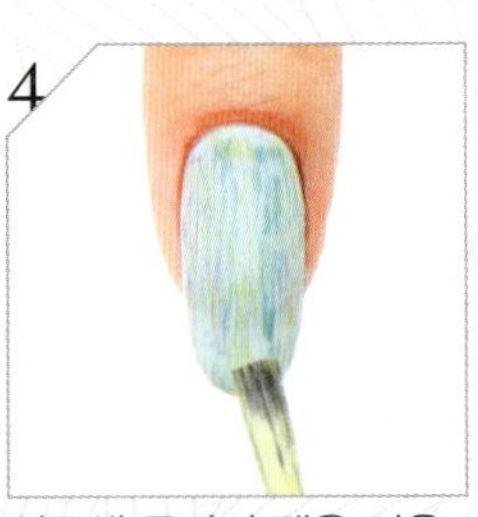

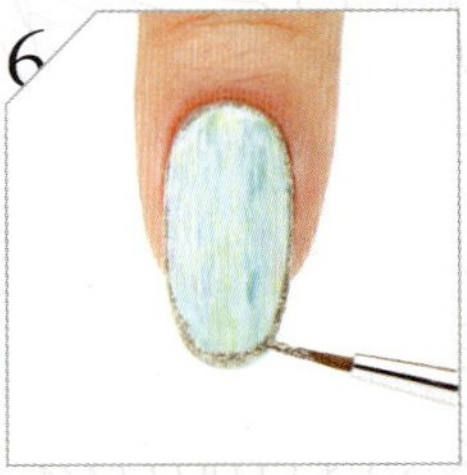

6

글리터 젤을 세필 브러시
에 묻혀 테두리를 그린 후
큐어링한다.

7

미경화 젤을 제거한 후 중
앙에 스티커를 붙인다.

8

탑 젤을 바른 후 큐어링
한다.

kiss me !

퍼플
우드블록
로즈

1. 베이스 젤을 바르고 큐어링한 후 연보라색 폴리시 젤을 전체적으로 바른 뒤 다시 한 번 큐어링한다.

2. 보라색 컬러 젤을 이용해 장미의 중심점을 그린다.

3. 같은 색상의 컬러 젤을 세 필 브러시에 묻혀 꽃잎을 그려나간다.

Tip

브러시 끝에 젤이 뭉쳐있을 경우 선이 두껍게 나오니 주의한다.

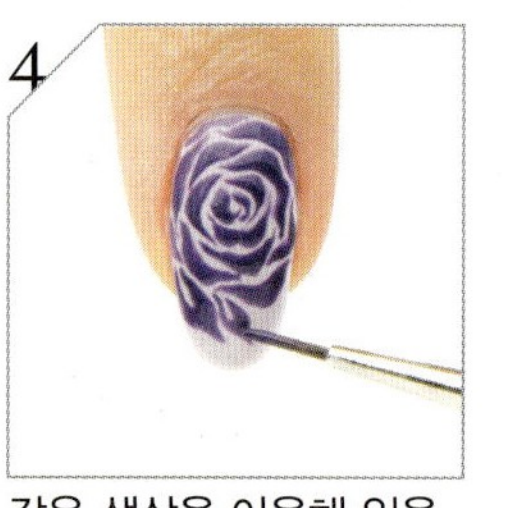

4. 같은 색상을 이용해 잎을 그린 후 큐어링한다.

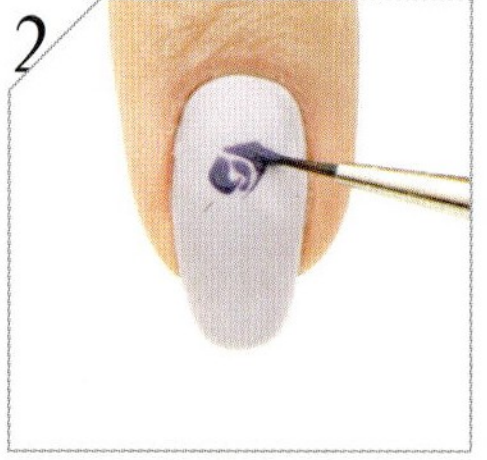

5. 탑 젤을 바른 후 큐어링한다.

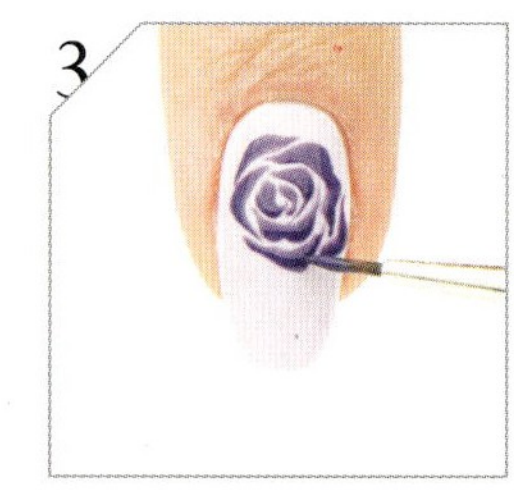

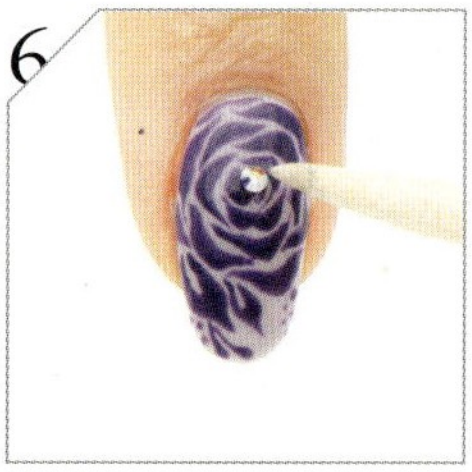

6. 스톤을 장식한다.

그래픽 핑크 플라워

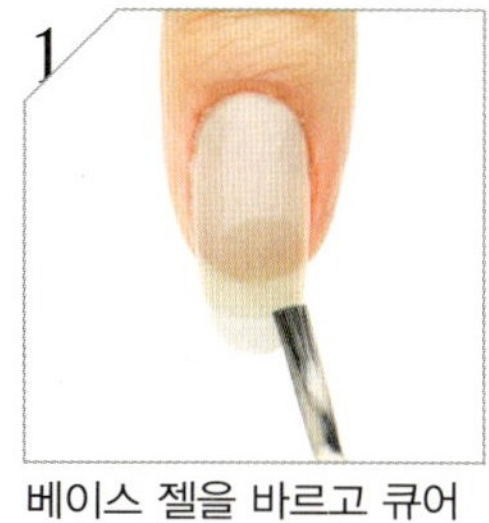

1

베이스 젤을 바르고 큐어링한 후 누드색 폴리시 젤을 전체적으로 바른 뒤 큐어링한다.

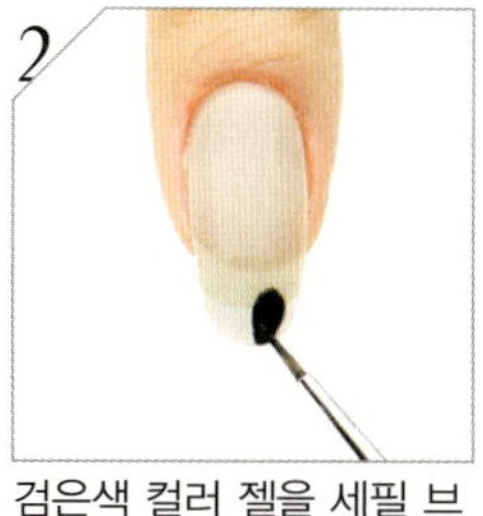

2

검은색 컬러 젤을 세필 브러시에 묻혀 중심을 그린 후 큐어링한다.

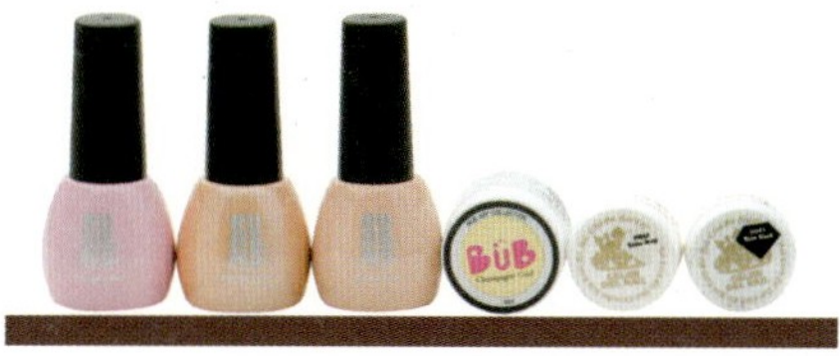

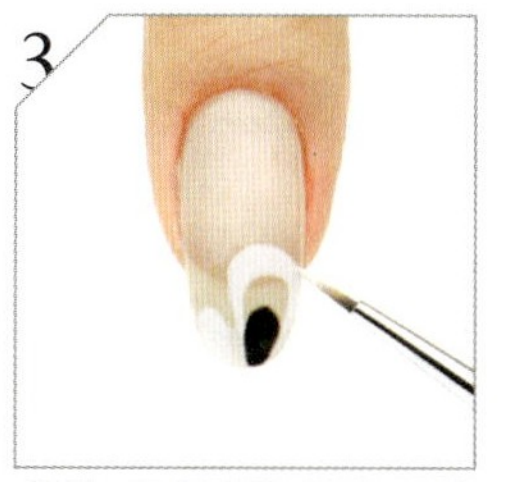

3

흰색 컬러 젤을 세필 브러시에 묻혀 중앙을 중심으로 굵은 곡선을 그린 후 큐어링한다.

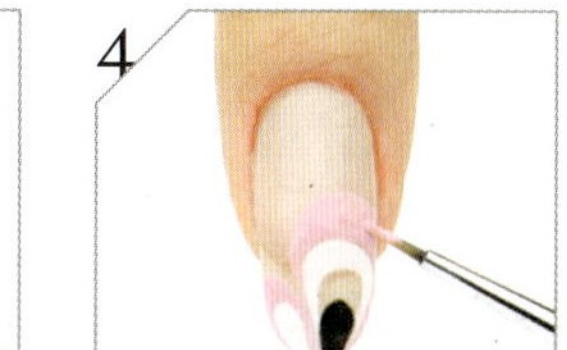

4

분홍색 컬러 젤을 이용해 같은 모양으로 굵은 선을 그린 후 큐어링한다.

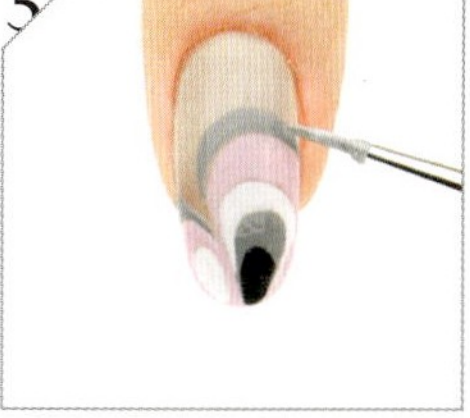

5

회색 컬러 젤을 이용해 같은 모양으로 굵은 선을 그린 후 큐어링한다.

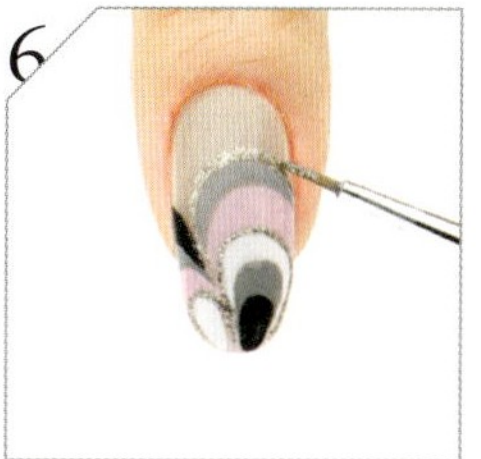

6

글리터 젤을 세필 브러시에 묻혀 라인을 마무리한 후 큐어링하고 탑 젤을 바른 뒤 다시 한 번 큐어링한다.

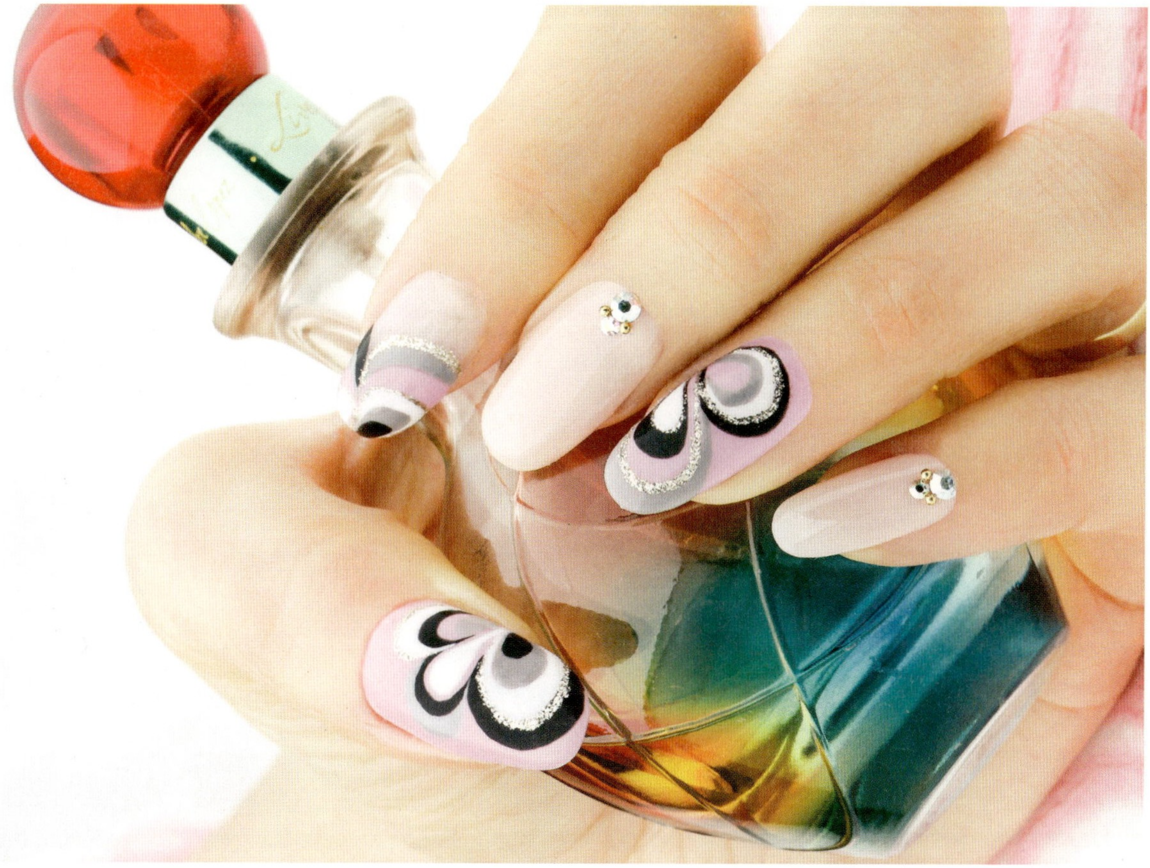

그래픽 도트 더블 프렌치

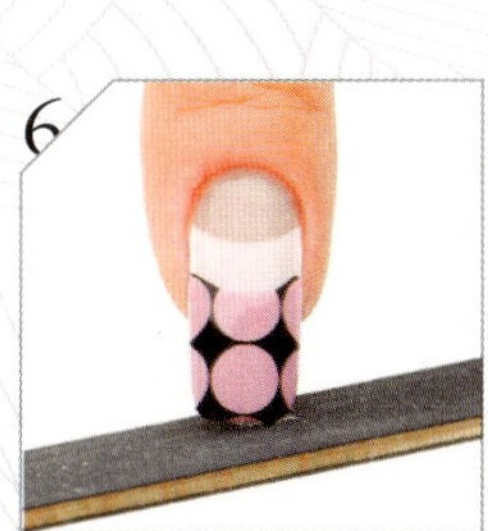

Tip

워터 데칼이 잘 접착되도록 미경화 젤을 닦아내지 않고 접착한다.

1

베이스 젤을 바르고 큐어링한 후 연분홍색 폴리시 젤을 이용해 딥 프렌치를 연출하고 큐어링한다.

2

분홍색 폴리시 젤을 이용해 딥 프렌치 3/2 정도의 위치에 프렌치를 그린 후 큐어링한다.

3

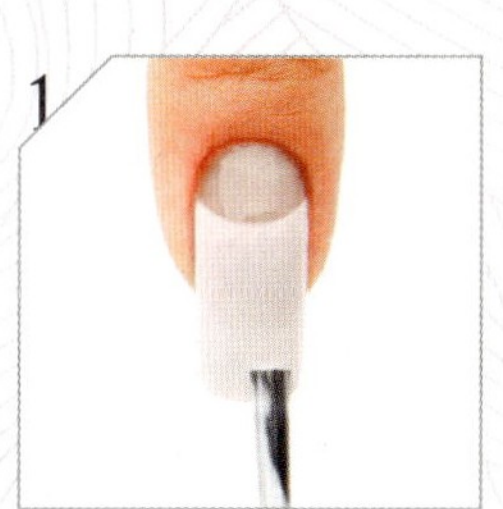

워터 데칼을 손톱 크기보다 조금 크게 재단한 후 물에 불린다.

4

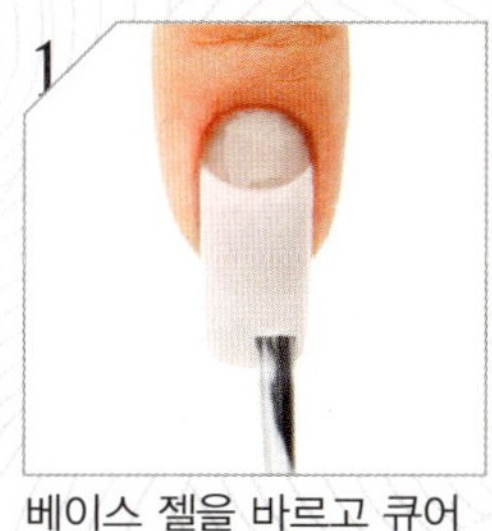

프렌치 위치에 미경화 젤이 남아있는 상태에서 스티커를 붙인다.

5

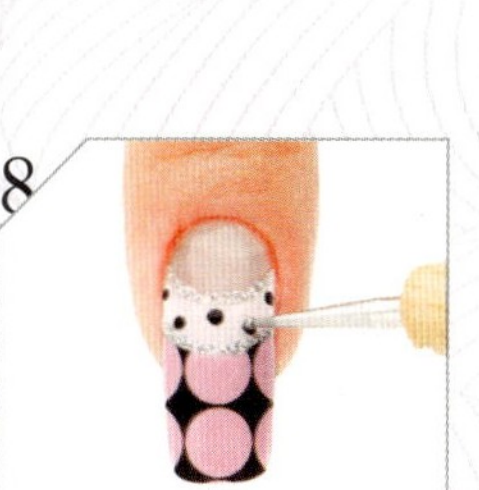

탑 젤을 바른 후 큐어링한다.

6

부드러운 파일을 이용해 손톱을 벗어난 스티커를 깨끗하게 정리한다.

7

글리터 젤을 세필 브러시에 묻혀 프렌치 라인을 그린다.

8

검은색 컬러 젤을 스틱에 묻혀 도트를 찍은 후 큐어링하고 탑 젤을 바르고 큐어링한다.

스플래시
리버스
프렌치

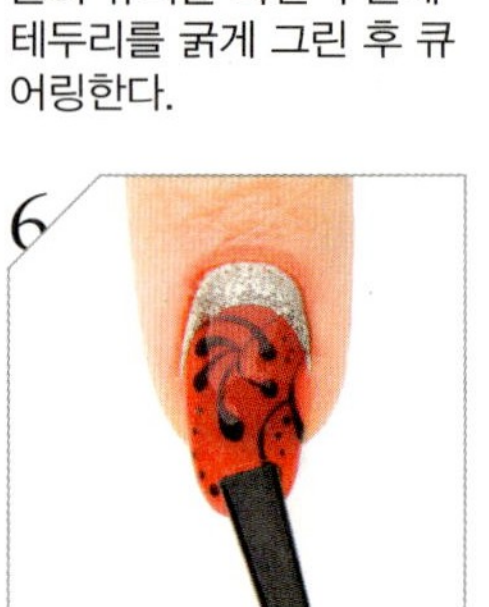

1

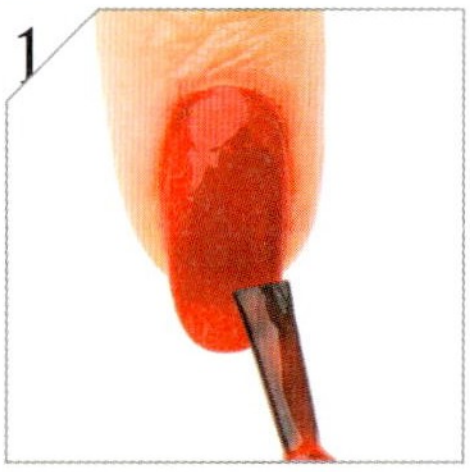

베이스 젤을 바르고 큐어
링한 후 빨간색 폴리시 젤
을 전체적으로 바른 뒤 큐
어링한다.

Tip

세필 브러시를 이용해 프
렌치 라인을 잡은 후 나머
지 부분을 채워준다.

2

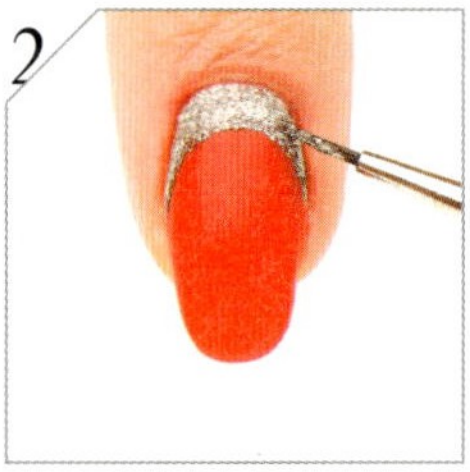

글리터 젤을 세필 브러시에
묻혀 큐티클 라인 부분에
테두리를 굵게 그린 후 큐
어링한다.

3

검은색 컬러 젤을 세필 브
러시에 묻혀 물방울 형태
의 콤마 스트록을 그린다.

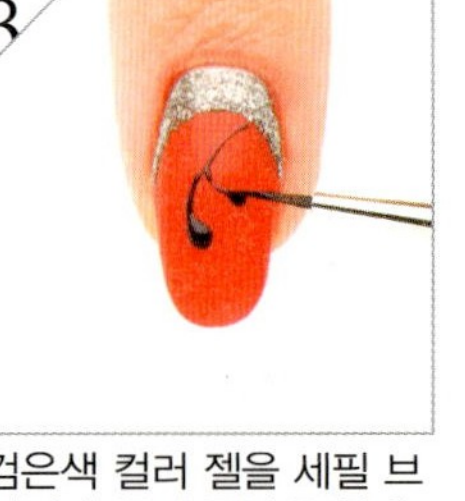

4

콤마 스트록을 빈 공간에
채워준다.

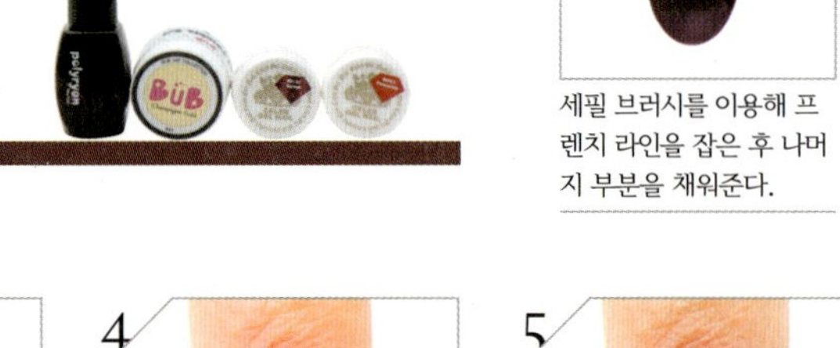

5

사이사이 도트를 찍는다.

6

탑 젤을 바른 후 큐어링
한다.

로맨틱 레이스 프릴

Tip

레이스의 중심점을 찍어
위치를 잡는다.

점과 점 사이에 반원을
그리며 레이스 모양을
완성한다.

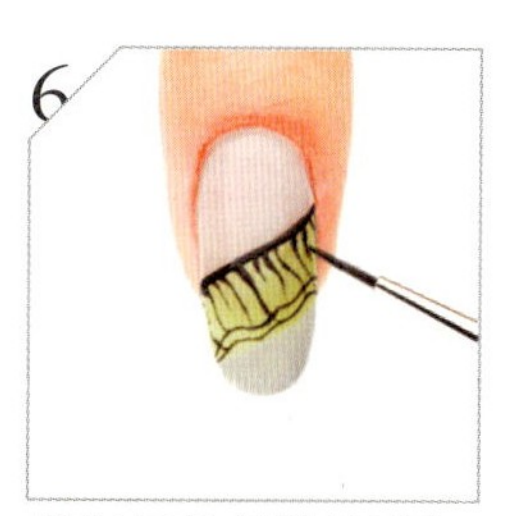 1

베이스 젤을 바르고 큐어
링한 후 누드색 폴리시 젤
을 전체적으로 바른 뒤 큐
어링한다.

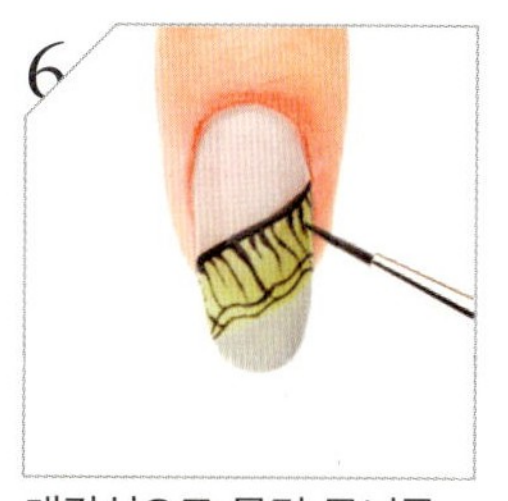 2

연두색 폴리시 젤로 사선
프렌치를 그린 후 큐어링
한다.

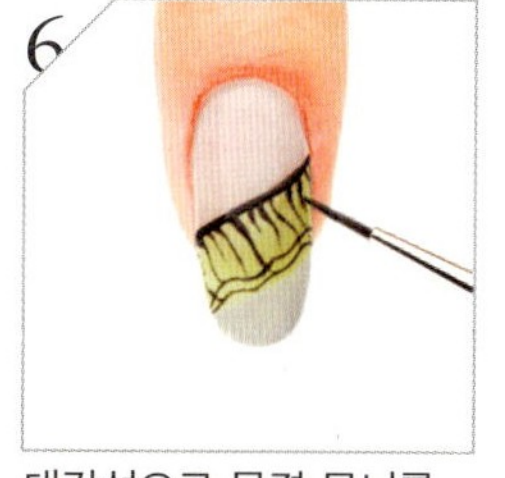 3

회색 폴리시 젤로 투톤
프렌치를 그린 후 큐어링
한다.

 4

검은색 컬러 젤을 세필
브러시에 묻혀 프렌치 라
인에 라인을 그린다.

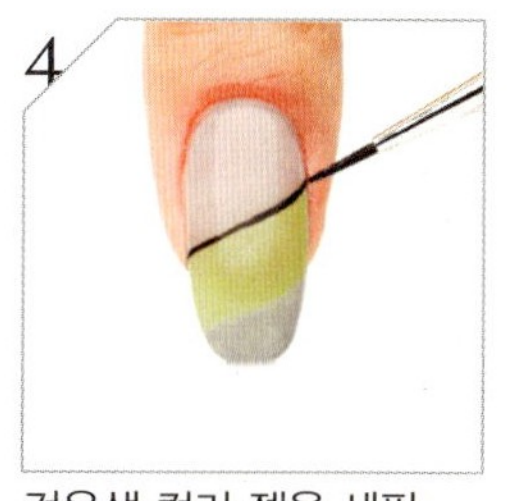 5

검은색 컬러 젤을 세필
브러시에 묻혀 물결 무늬
를 표현한다.

 6

대각선으로 물결 무늬를
표현한 후 큐어링하고 탑
젤을 바른 뒤 다시 한 번
큐어링한다.

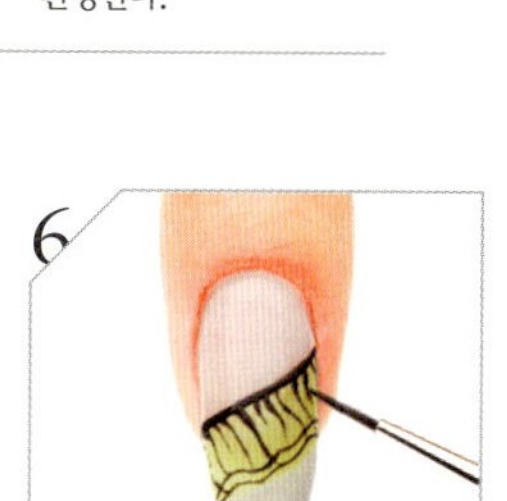
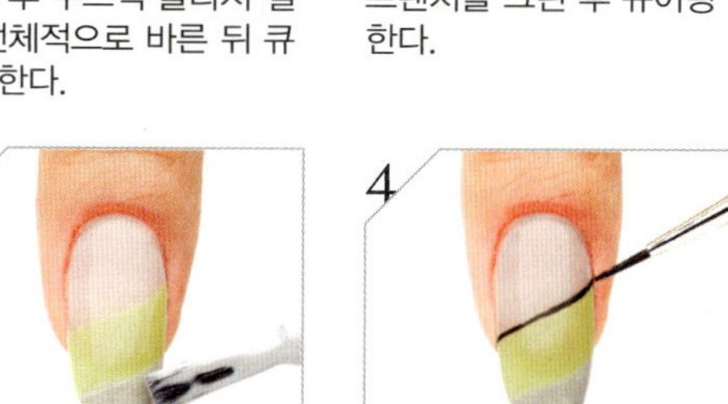

와일드 레오퍼드 프렌치

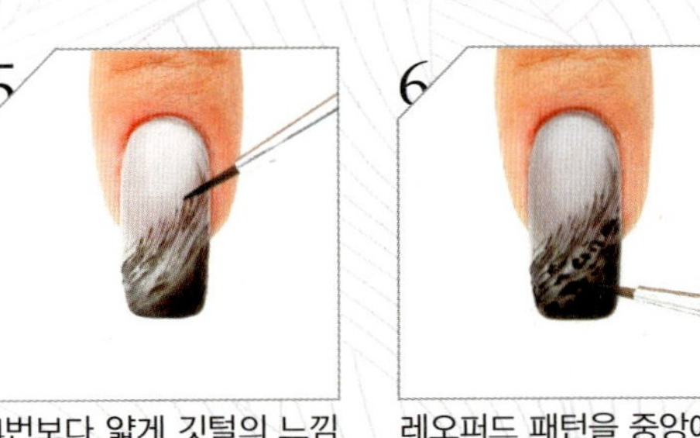

Tip

브러시를 손톱 끝부분에
서 윗부분으로 휘어지게
그려야 깃털 모양과 가깝
게 표현된다.

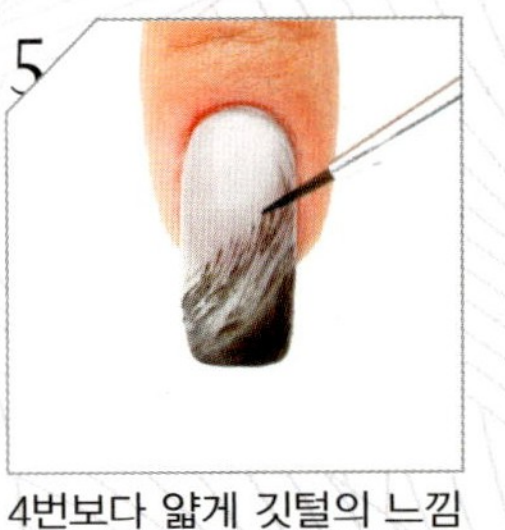

1

베이스 젤을 바르고 큐어
링한 후 펄감이 있는 흰색
폴리시 젤을 전체적으로
바른 뒤 큐어링한다.

2

아래쪽에 사선으로 연한
회색 컬러 젤을 칠한 후
큐어링한다.

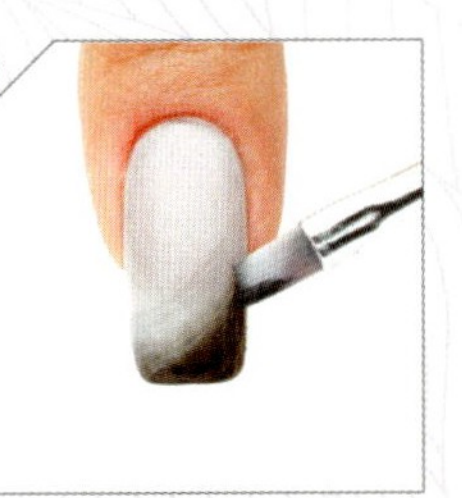

3

브러시에 검은색과 회색
을 더블 로딩해 다시 칠
한 후 큐어링한다.

4

세필 브러시를 이용해 깃
털 느낌의 선을 그린 후
큐어링한다.

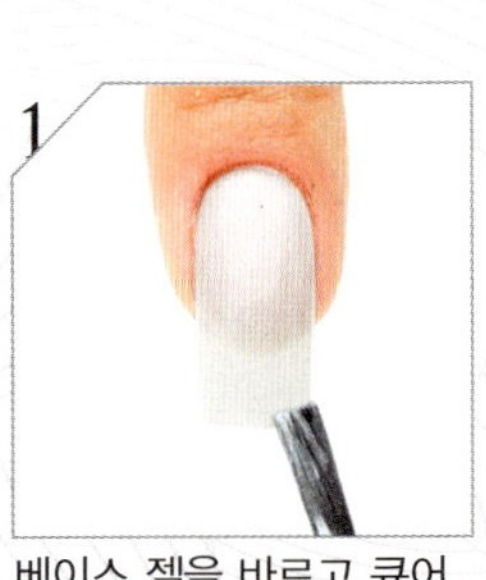

5

4번보다 얇게 깃털의 느낌
을 살린 후 큐어링한다.

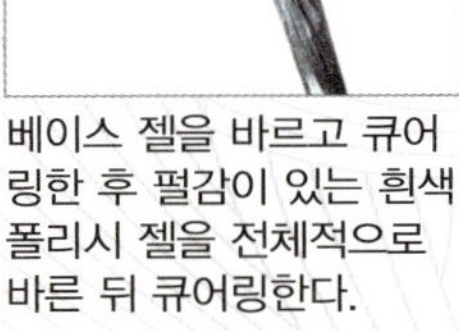

6

레오퍼드 패턴을 중앙에
그린 후 큐어링한다.

7

끝부분에 글리터 젤을 세
필 브러시에 묻혀 바른 후
큐어링한다.

8

탑 젤을 바른 후 큐어링
한다.

칼레이도스코프 마블 플라워

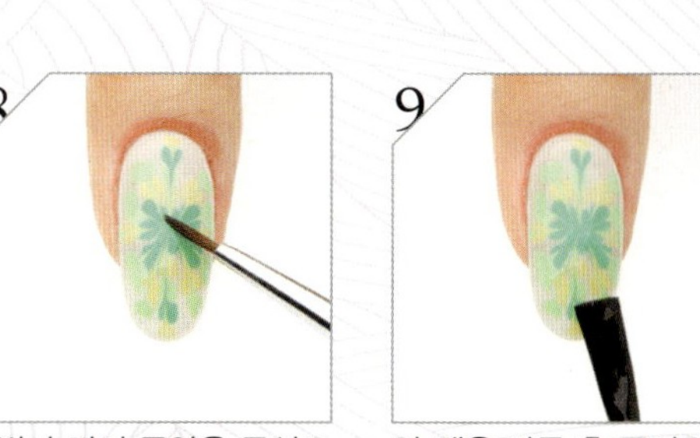

Tip

컬러 젤의 퍼짐 현상이 있
으니 서로 간격을 두고 젤
을 소량 떨어뜨린다.

1
베이스 젤을 바르고 큐어
링한 후 누드색 폴리시 젤
을 전체적으로 바른 뒤 큐
어링한다.

2
누드색 폴리시 젤을 한 번
더 바른 후 큐어링은 하지
않는다.

3
민트색 컬러 젤을 세필 브
러시에 묻혀 중앙에 점을
찍는다.

4
여러 가지 색상의 컬러 젤
을 이용해 십자가 형태로
점을 찍는다.

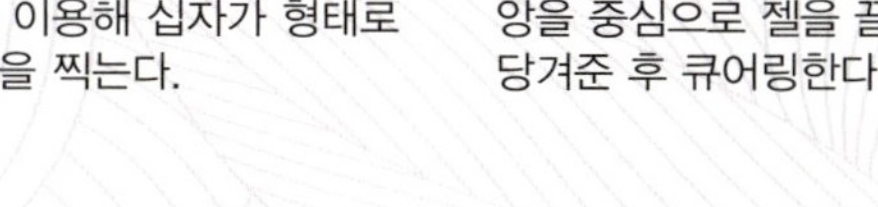

5
세필 브러시를 이용해 중
앙을 중심으로 젤을 끌어
당겨준 후 큐어링한다.

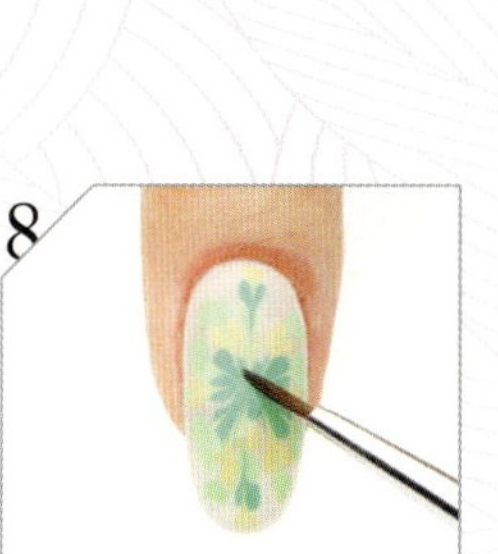

6
탑 젤을 바른 후 큐어링은
하지 않는다.

7
세필 브러시를 이용해
빈 공간에 사선으로 점을
찍는다.

8
5번과 같이 중앙을 중심으
로 젤을 끌어당긴 후 큐어
링한다.

9
탑 젤을 바른 후 큐어링
한다.

10
스톤을 장식한다.

비비드 컬러를 이용해
마블 효과를 연출하고
유리창에 빗물이 떨어지는 듯한
아트를 완성했어요.

형광 컬러들을
멀티 베이스로 연출하고
블랙 컬러를 위에 덮어
스크래치 효과를 표현했어요.

강렬한 애시드 컬러를 이용해
달콤한 롤리팝 테마의
아트를 연출했어요.

멀티 컬러를 이용해
은은한 그러데이션을 연출하고
스톤으로 마무리했어요.

멀티 컬러에 클리어 젤을
떨어뜨려 물방울처럼 영롱한
디자인을 표현했어요.

상큼한 민트와 옐로 컬러를
테마로, 수채화 기법으로
플라워를 그려 넣었어요.

표면의 질감이 느껴지는
올록볼록한 애니멀 테마의
아트를 만들었어요.

멀티 컬러를 사용해
불규칙적인 패턴을 완성해
그래픽한 느낌을 주었어요.

블루와 블랙, 상큼한 레몬
옐로와 화이트를 믹스해
프렌치 스타일의
그러데이션을 연출했어요.

블루와 퍼플 컬러를 이용해
시스루 룩을 연출한 후
매혹적인 핸드프린팅
플라워를 완성했어요.

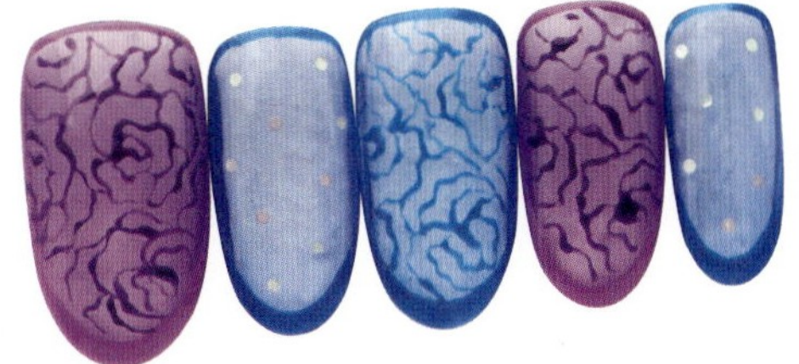

On the Cover

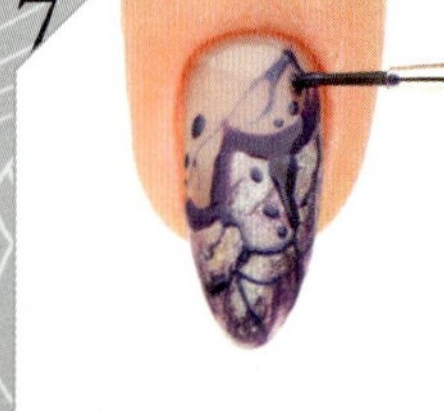

1.  베이스 젤을 바르고 큐어링한 후 연보라색 폴리시 젤을 이용해 불규칙한 사선 프렌치 형태로 원 코트를 바르고 큐어링한다.

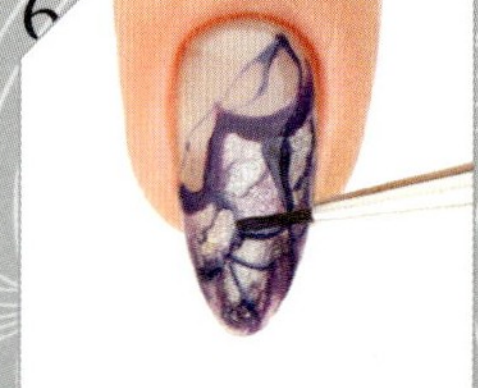

2. 마블을 하기 위해 투 코트는 큐어링하지 않은 상태에서 마블을 할 폴리시 젤을 불규칙하게 찍어준다.

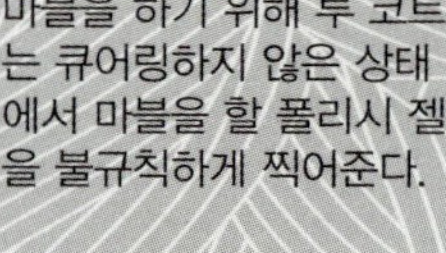

3. 큐어링을 하지 않은 상태에서 보라색 폴리시 젤을 빈 공간에 찍어준다.

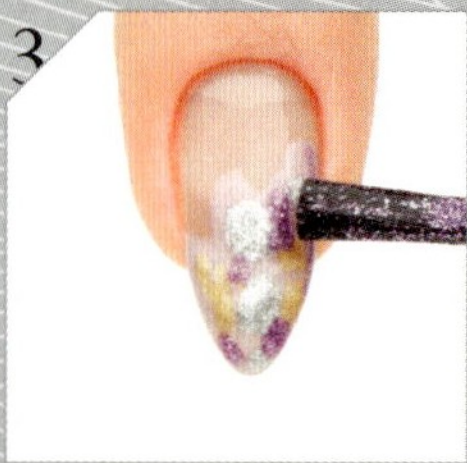

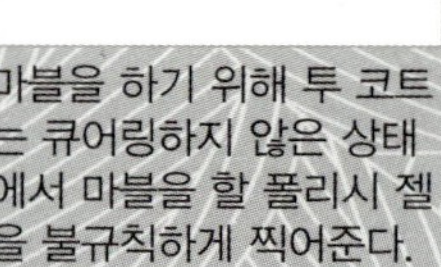

4. 보라색 컬러 젤을 사이사이에 발라 브러시로 펴주면서 마블을 완성한 후 큐어링한다.

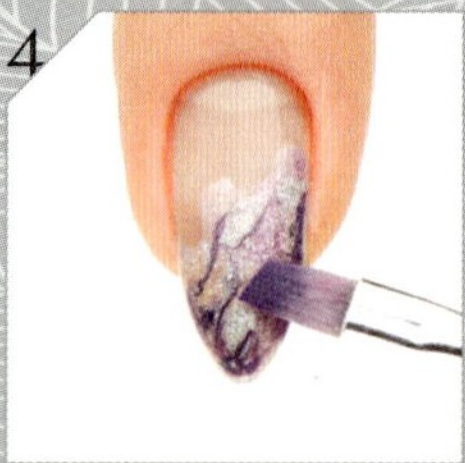

5. 보라색 컬러 젤을 세필 브러시에 묻혀 마블 라인에 불규칙한 굵은 선을 그린 후 큐어링한다.

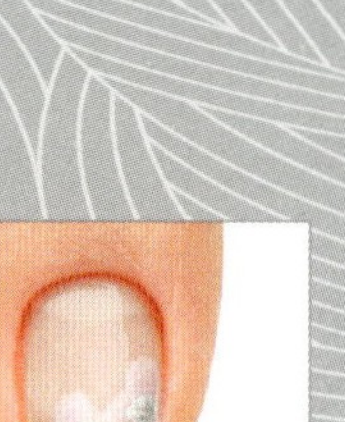

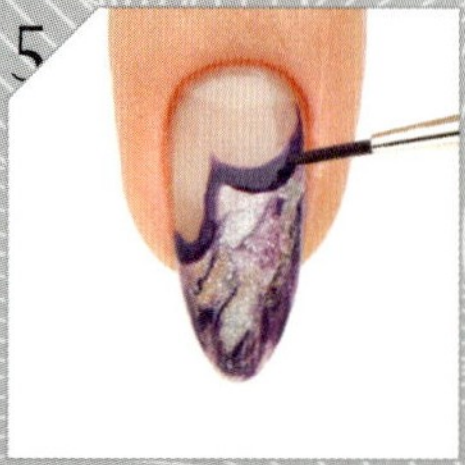

6. 보라색 컬러 젤을 세필 브러시에 묻혀 거미줄 형태의 라인을 그린 후 큐어링한다.

7. 보라색 컬러 젤을 세필 브러시에 묻혀 사이사이에 도트를 찍은 후 큐어링한다.

8. 흰색 컬러 젤을 세필 브러시에 묻혀 굵은 선 위에 불규칙한 도트를 그린 후 큐어링하고 탑 젤을 바른 뒤 다시 한 번 큐어링한다.

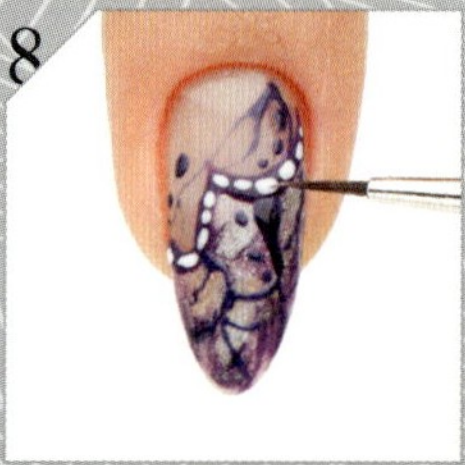

젤 네일아트의 모든 것

[기초편]

185가지 화려한 젤 디자인

젤 네일아트의 모든 것 – 기초편과 응용편

초판 1쇄 2013년 4월 5일
초판 3쇄 2013년 8월 16일

지은이 여정순 김수현 문경민

편집 아름다운 책들
아트 디렉터 박지은
기획 편집 고현정 이영애
디자인 미스터빈 신민아 송혜교

펴낸이 김유경
펴낸곳 고슴도치

출판등록 1999년 9월 14일 제10-1776호
주소 경기도 파주시 문발동 559번지 109-301
전화번호 070-4063-9358(편집) 070-4063-9357(마케팅) | 팩스 031-601-8132

도움을 주신 분들
LCN, 록시땅 코리아, ㈜리안뷰티콜렉션 이선우 대표이사님, 반디, 부브코리아, 아이스젤, ㈜위즈영 고나영 대표님, 켄지코 네일, ㈜케이앤아이뷰띠앙 강현 대표님, 허바신 관계자 여러분 협찬해 주셔서 감사합니다.

이 도서의 국립중앙도서관 출판시도서목록(CIP)은 e-CIP홈페이지(http://www.nl.go.kr/ecip)와 국가자료공동목록시스템(http://www.nl.go.kr/kolisnet)에서 이용하실 수 있습니다. (CIP제어번호 : CIP2013001384)

ISBN 978-89-89315-39-1

값 22,000원

*잘못 만들어진 책은 구입하신 서점에서 바꿔드립니다.

젤 네일아트의 모든 것

[기초편]

차 례 기초편

응용편은 뒤로 돌려보십시오

Gel Pro
Chapter 0

Pro Art
Chapter 1
마 블

Chapter 2
스 티 커

Chapter 3
체 크

Chapter 4
핸 드 페 인 팅

Chapter 5
프 리 스 타 일

Chapter 0

네일과 젤에 대한 기초 Nail & Gel Basic;

젤 네일아트를 배우기 전에 미리 알아둬야 할 네일과 젤의 기초 상식을 소개한다.

매니큐어의 정석

네일의 구조 제대로 알기

네일아트의 기초는 건강한 네일에서부터 시작된다. 사람마다 네일의 모양, 크기, 길이 등이 모두 다르다. 네일은 피부의 연장으로, 하루에 0.1~0.15mm씩 자란다. 손톱이 발톱보다 2배 정도 빠르게 자라며 엄지손톱이 가장 늦게 자라고 중지손톱이 가장 빨리 자란다. 또한 겨울보다 여름에 더 빨리 성장하며 네일이 완전히 성장해 교체되는 데 약 5~6개월 정도 걸린다. 건강한 네일은 표면이 부드러우며 자연스러운 광택과 연분홍빛을 띤다. 몸에 이상이 생기면 가장 먼저 네일에서부터 신호가 온다. 네일의 성장 속도가 늦어지고 모양이나 색깔 등에 변화가 온다. 따라서 네일의 구조와 명칭에 대해 기본적으로 알아두는 것이 건강에 도움이 된다.

손톱 구조

네일 바디 nail body 손톱의 등판을 말하며 여러 개의 얇은 층으로 이루어져 있다. 네일 플레이트 nail plate라고도 불리며, 네일 속살을 이르는 네일 베드 nail bed를 보호하는 역할을 한다.

프리 에지 free edge 손톱이 자라나는 하얀 부분. 네일 뿌리의 반대쪽에 위치하고 있으며 손가락과 발가락보다 길게 자라나와 살이 붙어 있지 않은 부위를 말한다.

네일 그루브 nail groove 손톱과 손톱을 둘러싼 피부의 고랑. 매니큐어를 받을 때 주로 사이드라고 불리는 곳.

네일 루트 nail root 손톱의 시작점. 손톱의 새로운 세포가 만들어져 손톱의 성장이 시작되는 곳.

손톱 안의 구조

네일 베드 nail bed 손톱을 받치고 있는 쿠션. 네일의 신진대사와 수분공급의 역할을 한다. 손톱을 어떤 것에 부딪혔을 때 통증을 느끼는 부분.

네일 매트릭스 nail matrix 손톱의 영양 공급원. 네일 각질세포의 생산과 성장을 조절하고 혈관, 신경, 림프관이 분포한다. 손상을 입게 되면 손톱이 기형적으로 자랄 수 있다.

루눌라 lunula 손톱 뿌리 부분의 백색 반달 부분. 완전히 각화되지 않은 손톱 부분으로 푸셔로 강하게 밀면 쉽게 손상될 수 있다.

손톱 주위 피부

큐티클 cuticle 굳은 살. 네일의 주위를 덮고 있는 피부를 가리키며 단단한 층으로 이루어져 있다. 매니큐어를 받을 때 니퍼로 잘라내는 부분.

네일 월 nail wall 손톱을 둘러싼 양쪽 피부. 네일의 모양을 바로 잡아주는 역할.

에포니키움 eponychium 굳은 살 윗 부분을 감싸고 있는 피부. 니퍼로 많이 잘라내면 출혈이 생길 수 있다.

하이포니키움 hyponychium 손톱 아래 쪽 투명하게 자라나오는 피부. 세균 침입으로부터 손톱을 보호해준다.

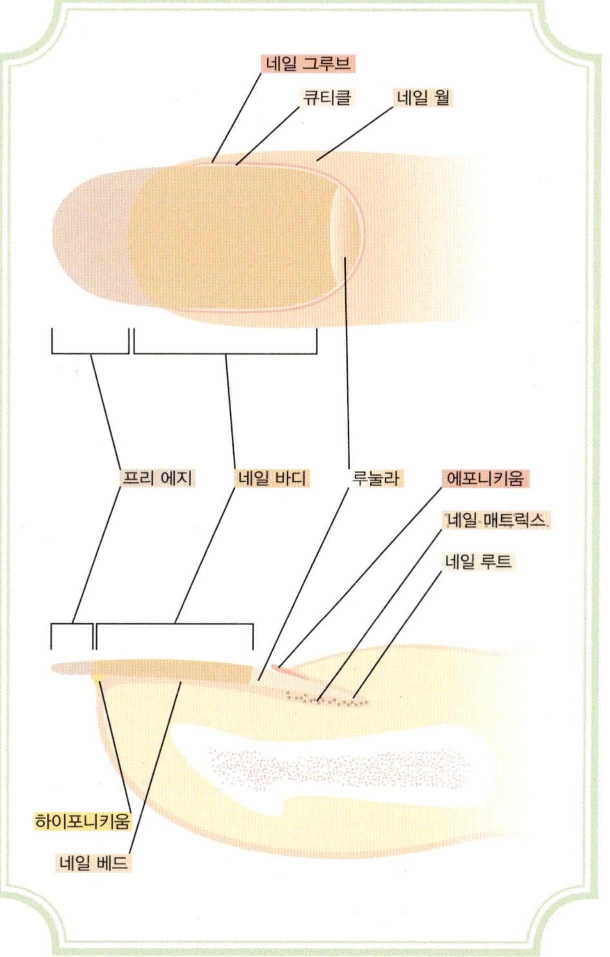

매일 건강한 손, 올바른 손 관리법

옛말에 손이 예뻐야 미인이라는 말이 있다. 그만큼 여자에게 있어 손 관리는 얼굴 관리만큼 중요하다. 네일아트를 자주 받다보면 손이 많이 상하게 된다. 손을 아름답게 보이기 위해서 받는 네일아트 시술이 오히려 손을 상하게 한다면 아무 의미가 없다. 한번 손상된 손은 회복하는 데 상당한 시간이 걸리기 때문이다. 그러므로 건강한 손을 유지하기 위해서는 평소에 틈틈이 제품과 마사지를 통해 관리해야 한다.

부드러운 손 만들기

우리 몸 중 가장 많이 사용하는 부위가 바로 손이다. 그래서 얼굴보다 손에 각질이 더 많이 쌓이게 된다. 제거되지 않은 각질이 피부에 계속 남아 있게 되면 피부 노화를 초래하기 쉽다. 특히 겨울철에는 쌓인 각질이 건조해지면서 굳은 살의 원인이 된다. 또한 각질이 있으면 매일 핸드 크림을 발라도 소용이 없다. 매끄러운 손을 위해 정기적으로 손 전용 스크럽 제품을 이용해 각질을 제거해주는 것이 좋다.

저자가 추천하는 각질 제거 제품

1 반디 스위스 리츄얼 젤 고마쥬 필링 젤
식물성 아하 성분과 피톤치드 성분이 함유되어 각질 제거에 탁월한 효과가 있어요. 200㎖ 4만원.

2 록시땅 시어버터 원 미닛 핸드 스크럽
이 제품은 3초에 하나씩 판매되는 세계적인 베스트셀러 제품으로 알려져 있는 제품이에요. 1분 만에 부드러운 손으로 만들어주는 핸드 전용 스크럽 제품으로, 오가닉 설탕 입자가 부드럽게 손의 각질을 제거해주고 시어 버터와 스위트 아몬드, 그레이프 씨 오일이 손을 촉촉하게 해준답니다. 100㎖ 2만8000원.

3 LCN 레몬 슈가 스크럽
마카데미아 넛과 아몬드가 함유되어 보습력이 뛰어나고 상쾌한 레몬 오일이 손의 피로를 풀어주고 수분과 영양을 주는 제품이에요. 200㎖ 9만5000원.

저자가 추천하는 보습 제품

1 허바신 우타카밀 핸드 크림
천연 식물성 글린세린이 함유되어 거칠어진 손의 깊은 곳까지 빠르게 흡수되며, 마치 손을 코팅한 것 같이 피부가 부드러워져요. 손의 피부 보호는 물론 천천히 마사지 해주면 손상된 피부가 진정되면서 회복되는 제품이에요. 75㎖ 1만원.

2 반디 스위스 리츄얼 리파이닝 마사쥬
마사지 재생 크림으로 보습력과 유분감이 풍부해요. 유기농 에델바이스 추출물이 피부 탄력 강화를 도와주고 피부 재생 효과를 지닌 센 텔라 성분으로 리프팅 효과가 탁월하답니다. 200㎖ 6만원.

3 스킨케어 석류 핸즈 폼 크림
여성에게 좋은 과일답게 수분 함유량이 풍부한 석류와 보습 효과가 뛰어난 히알루론산이 첨가되어 이중 보습 효과를 누릴 수 있는 핸드크림이에요. 35㎖ 1만2000원.

1 **2** **3**

1 **2** **3**

매니큐어 ^{manicure}란?

매니큐어에 대해 우리가 오해하는 부분이 있다. 대부분의 사람들은 매니큐어를 네일 컬러 제품으로 알고 있는 경우가 많다. 하지만 매니큐어는 원래 손의 전체적인 관리를 의미한다. 손톱의 구조와 모양, 길이 정리, 큐티클 정리, 마사지 등의 총체적인 관리를 통해 손을 아름답고 건강하게 만드는 기초적인 과정을 매니큐어라고 부른다.

손톱의 모양

손톱의 모양을 만들 때 '셰이프 ^{shape}를 잡는다'라고 말한다. 라운드, 스퀘어, 오벌, 포인트 등으로 나뉘는 손톱의 형태는 각 모양에 따라 관리가 달라진다. 여기서 관리란 손톱의 모양에 따른 '파일링'을 뜻한다.

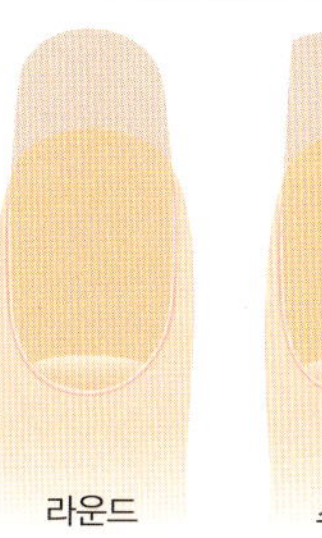

포인트 오벌 라운드 스퀘어

라운드 ^{Round}

항상 손톱을 짧게 자르는 경우에는 라운드형으로 파일링을 해 주는 것이 가장 무난하다.

스퀘어 ^{Square}

긴 손톱이 잘 어울리는 타입이라면 스퀘어 스타일을 추천한다.

오벌 ^{Oval}

타원형의 오벌은 가장 자연스러운 형태로 오랫동안 사랑을 받아왔다.

포인트 ^{Point}

포인트 형태는 타원형보다 양쪽 보서리를 훨씬 뾰족하게 만들어준다.

기본 손톱 모양 잡기

⭐Point 기본적으로 손톱 모양을 다듬을 때 손톱의 두께에 따라 파일의 종류가 달라진다. 보통 파일의 종류는 '그릿 ^{grit}'이라는 단위로 구분된다. 여기서 그릿이란 표면의 거칠기를 나타내는 단위로, 번호가 높을수록 부드럽고 낮을수록 거칠다. 일반적으로 매니큐어 시 180~220 그릿의 파일을 사용한다. 파일을 사용할 때 힘을 많이 주면 손톱 끝에 손상을 줄 수 있으니 가볍게 한 방향으로 갈아주도록 한다.

정면부터 원하는 모양을 먼저 잡아준다. **1**

왼쪽 코너에서 중앙으로 둥글게 굴려준다. **2**

오른 쪽 코너에서 중앙으로 둥글게 굴려준다. **3**

큐티클 정리

　　손톱의 형태를 만드는 과정이 끝났다면 손톱 표면과 큐티클을 정리할 차례. 큐티클 정리는 네일아트를 하기 전 반드시 해야 하는 과정이다. 만약 이 과정을 생략하면 아무리 예쁜 컬러링이나 아트를 해도 깔끔한 느낌을 연출할 수 없다. 우선 손톱 표면이 매끄럽지 않을 경우에는 샌딩 파일 sanding file을 이용해 표면을 매끄럽게 정리해주고 핑거볼 finger bowl을 이용해 한손씩 큐티클 부분을 물에 담가 불려준다. 여기서 손끝을 불려주는 이유는 건조해져 있는 손톱을 물에 불려 부드럽게 해주기 위해서다. 그리고 한손씩 핑거볼에서 꺼낸 손의 물기를 제거한 후 큐티클 오일을 발라주고 푸셔를 이용해 손톱 표면이 긁히지 않도록 큐티클을 손톱 뿌리 쪽으로 살살 밀어준다. 그 다음 니퍼를 이용해 그동안 쌓여 있던 불필요한 큐티클을 제거해준다. 마지막으로 스킨 소독제를 뿌려 손을 소독해주면 끝!

기본 케어

Point 니퍼나 푸셔 등과 같은 금속 철제 도구는 반드시 소독이 필요하다. 시술하기 전 70% 이상 에탄올에 20분 이상 담근 후 사용한다. 소독되지 않는 모든 도구는 일회용으로 사용하는 것이 좋다.

소독하기
세균 감염을 방지하기 위해 소독을 한다.

1

큐티클 불리기
큐티클의 두께에 따라 손의 끝 부분을 미온수를 담은 핑거볼에 3~5분 정도 담근다.

2

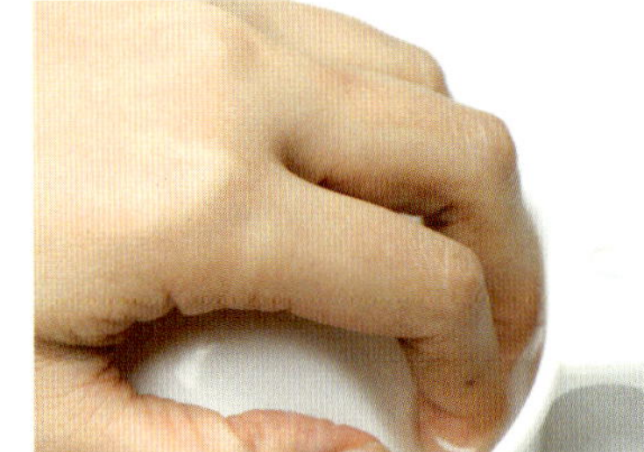

큐티클 리무버 바르기
큐티클을 녹이기 위해 큐티클 전용 리무버를 발라준다.

3

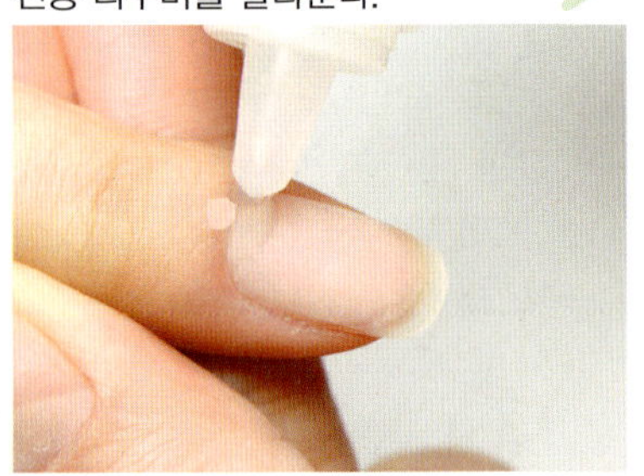

큐티클 밀어내기
자연 네일의 표면을 손상시키지 않도록 푸셔의 각도를 45도로 하여 큐티클을 손톱의 뿌리 쪽으로 밀어준다.

4

큐티클 오일 바르기
밀어놓은 큐티클이 유연해지도록 큐티클 오일을 바른다.

5

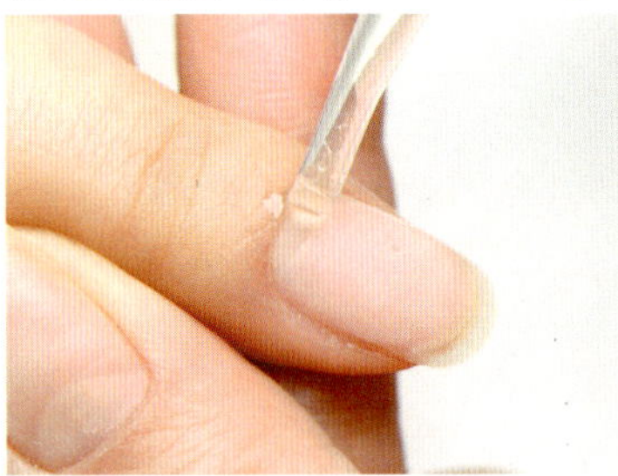

큐티클 제거하기
니퍼 날의 각도를 큐티클과 수평이 되도록 한 다음 큐티클을 제거한다.

6

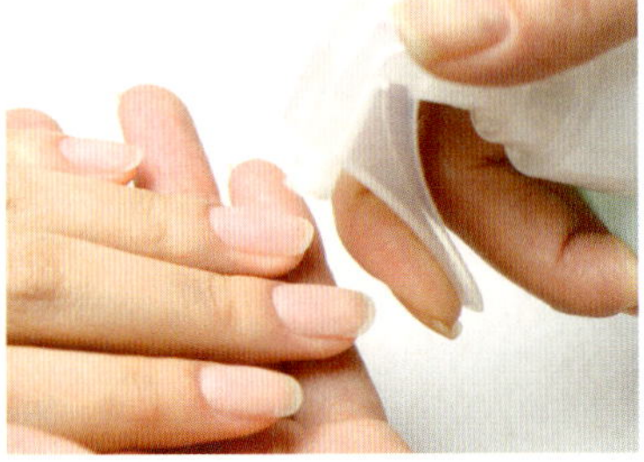

오일 파일
손톱 주변의 굳은 살은 큐티클 오일을 발라 부드러운 파일로 밀어준다.

7

소독하기
세균 감염을 방지하기 위해 금속 도구가 닿은 부위를 소독한다.

8

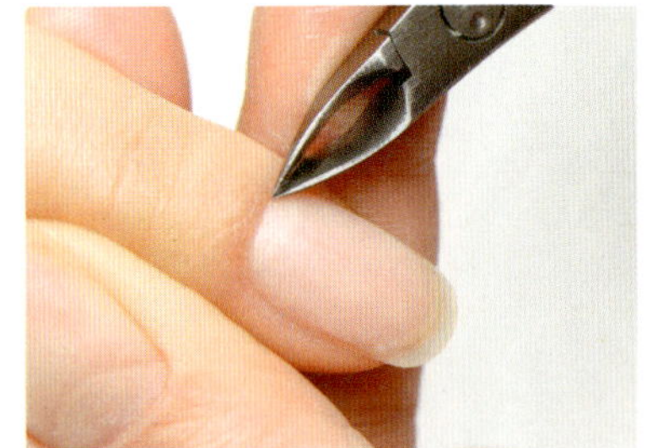

유분기 제거하기
오렌지 우드스틱에 솜을 얇게 말아 리무버를 묻혀 손톱 표면의 유분기를 제거한다.

9

건강한 손 · 발톱 관리를 위한 Q&A

젤 아트의 기본은 올바른 네일케어!

Q 건강한 손 · 발톱을 위한 관리가 궁금해요.

A 건강한 손 · 발톱은 일반적으로 부드럽고 빛이 투과될 정도로 투명함을 띠며 연한 분홍빛을 보입니다. 만약 누런빛을 띠거나 하얀 각질 또는 부스럼이 생긴 경우에는 몸의 이상 신호가 켜진 것이니 주의하세요.

Q 손 · 발톱에 영양을 주기 위해 평상시 꼭 섭취해야 하는 음식이 있나요?

A 손 · 발톱은 케라틴이라고 하는 단백질 층으로 이루어졌기 때문에 꾸준한 단백질 섭취만으로 손상된 손톱의 복구가 가능합니다. 닭 가슴살, 살코기, 어류, 견과류 등의 풍부한 단백질과 비타민 A · B · C가 많은 당근, 시금치 등을 골고루 챙겨 먹으면 좋습니다.

Q 손톱이 자꾸 갈라지고 부서져요.

A 손톱이 갈라지고 부서지는 이유는 손톱에 필요한 필수 영양소가 부족하기 때문입니다. 또는 부주의한 파일 사용이나 평소에 강한 세제 및 물을 자주 접촉해 수분이 바닥난 상태일 수 있습니다. 이를 방지하기 위해서는 평소에 큐티클 오일과 손톱영양 강화제를 자주 발라 손상된 부위를 지속적으로 관리해야합니다.

Q 프리 에지, 루눌라, 큐티클 등 네일아트에서 자주 쓰는 용어는 무슨 뜻인가요?

A 프리 에지, 루눌라, 큐티클 등은 손 · 발톱의 부위를 말할 때 사용되는 용어들입니다. 프리 에지 free edge는 일반적으로 손 · 발톱의 뿌리 반대쪽 끝부분을 가리키며 루눌라 lunula는 네일 뿌리쪽 반달 모양의 흰색 부분을 가리킵니다. 루눌라는 네일 바디 밑에 있는 피부와 신경 조직, 뿌리 등을 연결해주는 역할을 하지요. 큐티클 cuticle은 네일 주위를 덮고 있는 피부를 가리키며 매니큐어를 받을 때 니퍼로 잘라내는 단단한 층을 말합니다.

Q 손 · 발톱의 색이 푸르게 변해요.

A 손 · 발톱의 색이 갑자기 푸르게 변한다면 혈액 순환과 간에 이상이 있을 수 있습니다. 평소에 규칙적인 운동과 올바른 식습관을 통해 개선이 가능합니다.

Q 손 · 발톱이 파고들어요.

A 손 · 발톱이 잘못 자라는 현상으로, 네일을 잘못 자르거나 너무 바싹 깎는 경우, 지나치게 꽉 끼는 신발을 신는 경우 발생하므로 주의해야 합니다.

Q 파라핀이 손 · 발 관리에 주는 효과가 궁금해요.

A 파라핀은 건조해지고 검게 탄 손과 자주 부러지는 손톱 등 오랜 시간에 걸쳐 손상된 손톱을 복구시켜 주고, 부은 발을 진정시켜 피로 회복 및 관절과 연결 조직의 염증을 감소시켜줍니다. 파라핀 케어는 뛰어난 보습력과 수분 공급을 통해 손발 관리에 즉각적인 효과를 기대할 수 있는 이상적인 관리 형태입니다.

발톱을 위한 영양제가
따로 있나요?

손톱과 같이 발톱 역시 90% 이상이 케라틴으로 구성되어 있기 때문에 손톱 영양제 및 강화제를 발톱에 함께 사용해도 무방합니다. 단백질과 미네랄이 풍부한 영양제를 선택해 발톱 건강을 지키세요.

하이힐로 망가진 발을 위한
관리 방법을 알고 싶어요.

하이힐은 발뿐만 아니라 다리, 허리, 척추에까지 무리를 주지요. 어쩔 수 없이 하이힐을 신어야 한다면 더욱더 특별한 관리가 필요합니다. 하이힐을 자주 신으면 발에 굳은 살이 많이 생기므로 일주일에 한 번 정도 스크럽을 이용해 굳은 살을 제거해주는 것이 좋습니다.

발 냄새가 심해요.

보통 발 냄새가 심한 사람은 몸에 열이 많습니다. 발에 열이 나면서 열 소진을 못하면 발가락 사이마다 노폐물이 쌓이게 되어 발 냄새가 나지요. 이를 방지하기 위해서는 평소에 발을 청결히 씻고 발의 열을 잡아주는 미스트 등을 가지고 다니면서 수시로 뿌려주는 것이 좋습니다.

신장이 안 좋으면
발 마사지할 때 어떤 부위를
자극해주어야 하나요?

검지를 굽혀서 발바닥 1/3지점에 人자 모양의 중앙 부위를 눌러 주면 몸의 부기를 완화시켜주고 피로가 풀리는 효과를 얻을 수 있습니다. 고혈압, 심장병, 당뇨 환자 및 임산부는 발 마사지를 피하는 것이 좋습니다.

무좀 때문에 괴로워요.

최근에는 남녀를 불문하고 무좀으로 고생하는 사람들이 많아지고 있지요. 무좀은 곰팡이 균의 일종으로, 비누의 알칼리 물질과 뜨거운 물이 무좀균을 더욱 활성화 시키므로 피하는 것이 좋습니다. 무좀을 예방하기 위해서는 평소에 찬물로 발을 씻은 후 물기를 완전히 말려주는 것이 좋습니다.

손톱이 자주 찢어져요.

손톱이 자주 찢어지고 부서지는 사람의 경우 손톱을 자를 때 손톱깎이는 피하는 것이 좋습니다. 손톱깎이를 사용하면 손톱에 충격을 주어 손톱 층에 금이 가게 되고 겹으로 찢어지는 결과를 초래하기 때문이지요. 손톱의 길이를 조절할 때 파일을 이용해 갈아주는 것이 좋습니다. 손톱이 찢어진 경우에는 무리해서 잘라내지 말고 파일을 이용해 찢어진 부위를 한 방향으로 갈아주면서 서서히 손톱을 기르는 것이 안전합니다.

계절에 따른
손 관리법이 궁금해요.

봄에는 겨울동안 건조해져 있던 손을 마사지와 핸드 제품을 이용해 관리해주는 것이 좋습니다. 여름에는 자외선 지수가 들어 있는 핸드 크림을 발라 노화를 방지하고 검버섯, 기미 등 색소 침착을 예방해야 합니다. 쌀쌀한 바람과 함께 건조해지기 시작하는 가을에는 손이 무석해지면서 잔주름이 생기기 시작하므로 영양이 풍부한 핸드 팩을 수시로 사용하면 좋습니다. 본격적인 추위가 시작되는 겨울에는 물을 자주 마셔 급격히 떨어지는 수분을 보충하는데 주력하도록 하세요.

매니큐어를 위한 기본 도구들

매니큐어를 하는 데
꼭 필요한 도구들에 대해서
알아볼까요?

니퍼

큐티클과 루즈 스킨을 정리해주는 도구

소독저

네일에 직접 닿는 케어용
금속 도구들을 소독하는 데
사용되는 유리 재질의 투명한 용기

리무버

네일 에나멜을 제거할 때 사용하는
'폴리시 리무버'와 젤 네일을 속오프할 때
사용하는 '퓨어 아세톤'으로 구성

지혈제

네일아트 시술 시 손톱에 상처로 인해
출혈이 생겼을 때 지혈해주는 제품

큐티클 오일

네일이 건강하게 자랄 수 있도록
도와주는 큐티클 케어 제품

큐티클 리무버

큐티클을 부드럽고 느슨하게 만들어
제거하기 쉬운 상태로 만들어주는 제품

에탄올

알코올 성분인 에탄올은
금속성 네일 도구를 소독할 때
주로 쓰이는 알코올 성분의 제품

손 소독제
시술하기 전 손을 소독해주는
스프레이 타입의 제품

파일
네일의 길이나 표면을 정리할 때 가장 자주 쓰는 도구

샌딩 블록과 샌딩 파일
네일 표면에 스크래치를 내서 유분기를 없애주는 도구

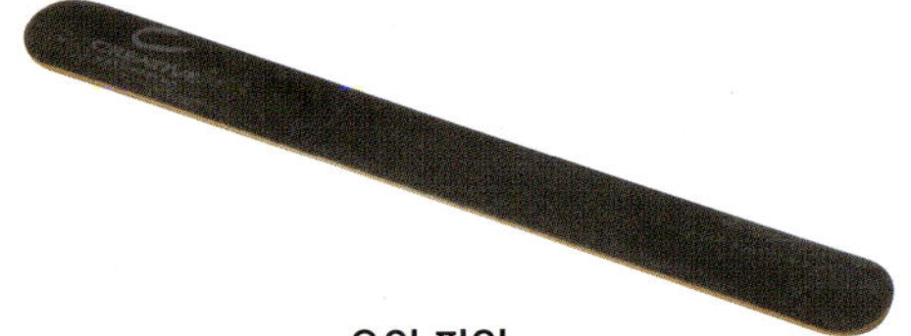

오일 파일
큐티클 정리 후 루즈 스킨 또는
손톱 양쪽의 굳은 살을 제거해 주는 도구

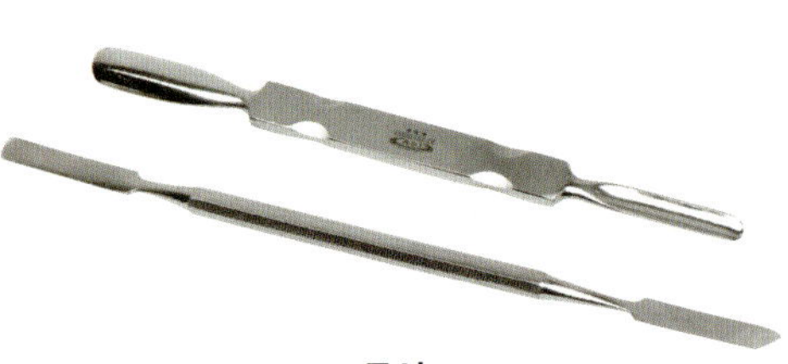

푸셔
루즈 스킨을 구석구석 밀어주는 도구

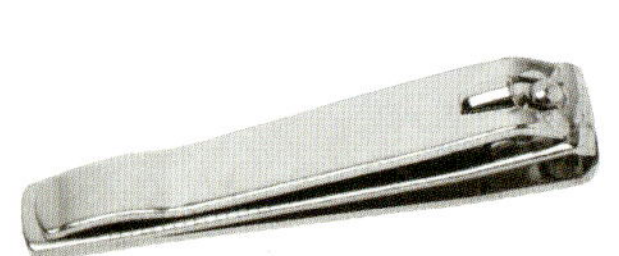

오렌지 우드스틱
큐티클을 밀어낼 때나 손톱의 이물질을
제거할 때 사용하는 도구

클리퍼
일반적으로 손톱깎이로 불리는
네일의 길이를 조절하는 도구

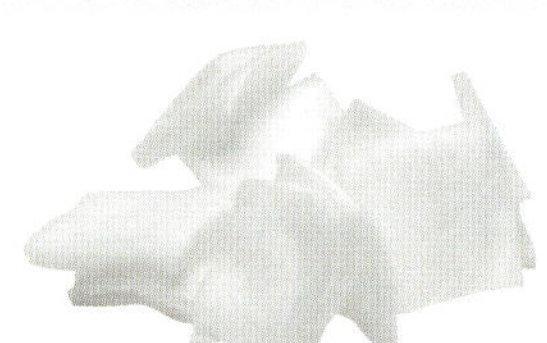

핑거볼
네일아트 시술 전 큐티클 부분을 물에
담가 부드럽게 불려주는 도구

코튼 패드
손 소독, 유분 제거, 에나멜 제거 등
수시로 사용해야 하는 필수 도구

나는 젤 초보!

"요즘 젤이 제일 잘나가!"
네일살롱에 앉아 있으면 가장 많이 들리는 이야기이다. 그만큼 젤을 사랑하는 젤 마니아들이 폭발적으로 늘어나고 있다는 뜻. 몇 년 전부터 시작된 젤 열풍은 이제 연령을 불문하고 누구나 즐기는 네일아트가 되었다. 하지만 이처럼 뜨거운 젤에 대한 관심에 비해 젤에 대해 자세히 알고 있는 사람은 드물다. 이제는 젤의 원료, 젤의 사용방법, 젤의 종류 등 젤에 대한 기초 지식 정도는 알아야 할 때! 알면 알수록 젤 아트의 즐거움은 더욱 커지기 때문이다.

GEL?
그게 뭔데?

젤을 사전 그대로 표현하자면 '올리고머 oligomer라는 미세한 그물 구조의 점성이 있는 액체 덩어리'라는 뜻을 가지고 있다. 이 올리고머에 별도의 응고제인 카타리스트 catalyst가 더해져 젤을 강하고 단단하게 만들어준다. 그럼 젤은 왜 강하고 단단해야 할까? 그 이유는 젤은 빛을 통해서만 굳어지는 특징이 있기 때문이다. 젤은 UV 램프 또는 LED 램프에 굳혀주는 과정이 반드시 필요하다. 일반 네일 에나멜은 바른 후 그대로 두면 자연 건조되지만 젤은 반드시 램프에 경화시켜야 굳는다. 또한 젤은 제거 방법도 일반 에나멜과 전혀 다르다. 네일 에나멜은 일반적으로 사용하는 리무버를 이용해 지울 수 있지만 젤은 종류에 따라 제거 방법이 달라진다. 젤을 제거하는 방법을 전문 용어로 '속오프 soak-off'라고 한다. 여기서 '속'이란 아세톤 100% 원액에 흠뻑 적신다는 의미를, '오프'는 벗겨낸다는 뜻을 가지고 있다. 젤은 크게 속오프 젤과 그렇지 않은 하드 젤로 나뉜다. 속오프 젤은 제거하는 방법이 간단하고 손톱에 잘 접착되는 성질을 가지고 있어 다루기가 쉬운 반면, 하드 젤은 전동 드릴 혹은 핸드 파일을 이용해 갈아내는 방식을 사용해야한다. 그만큼 네일에 손상이 갈 수 있기 때문에 최근 네일살롱에서도 하드 젤보다는 속오프 젤을 더 선호한다. 현재 전세계 20개 이상 브랜드에서 더욱 진화된 젤 제품을 선보이며 소비자들의 마음을 사로잡고 있다.

콕! 찍어 말해줘
젤이 좋은 이유

네일 에나멜보다 지속력이 좋아요!

젤의 가장 큰 장점이기도 한 지속력! 에나멜처럼 금방 벗겨지는 걱정 없이 시술 후 관리만 잘해주면 2~3주까지 처음처럼 유지가 가능해요. 또한 물이나 리무버에 절대로 지워지지 않아 편리합니다. 최근에는 한 달까지 유지가 가능한 젤이 출시되고 있어서 컬러가 지워질까봐 고민하지 않아도 돼요.

손톱을 건강하게 기를 수 있어요!

평소에 손톱이 약해 자주 부러지거나 갈라져 고생하나요? 그렇다면 이제 안심하세요. 젤 네일은 손톱에 보호막을 형성해주는 래핑 wrapping 효과를 주기 때문에 약한 손톱에도 끄떡없습니다.

냄새가 안 나요!

젤은 에나멜에 비해 냄새가 심하지 않아요. 그래서 화학적인 냄새에 민감한 분들도 안심하고 사용이 가능합니다. 하지만 가끔 냄새가 나는 젤이 있어요. 열 발생이 빠르게 일어나는 젤 제품일 경우이지요. 그럴 때는 다른 브랜드의 젤을 시도해보세요.

셀프 네일이 가능해요!

젤 종류 중에 컬러 젤인 경우 자신이 원하는 컬러를 이용해 혼자서도 셀프 네일이 가능해요. 물론 젤은 램프에 구워야 하기 때문에 UV 램프 또는 LED 램프가 필요합니다. 최근에는 셀프 네일족을 위한 미니 램프도 출시되고 있으니 셀프 네일에 도전해보는 건 어떨까요.

안전해요!

젤이 나오기 전에 사용하던 네일 제품은 화학 성분이 강하게 들어간 것이 많았어요. 그래서 화학 성분에 알레르기가 있는 사람들은 네일아트를 받을 수가 없었죠. 하지만 최근에 나오는 젤은 자연 친화적인 것은 물론 인체에 유해한 성분을 배제한 우수한 제품들이 많아 안심하고 네일 시술을 받을 수 있어요.

바른 후 건조 시간이 필요없어서 좋아요!

네일 에나멜은 완벽히 마르려면 8시간 이상이 걸려요. 그래서 제대로 말리지 않으면 찍히거나 밀리는 경우가 많아 불편했지요. 이에 반해 젤은 컬러를 바른 후 램프에 굽기만 하면 바로 마르기 때문에 찍히거나 밀리지 않아 정말 편합니다.

젤 아트를 위한 도구들

젤 아트를 하는 데
없어서는 안 될 필수 준비물.

베이스 젤

젤이 손톱에 잘 밀착되도록 해주고

색상 침착을 막아주는 제품

탑 젤

젤 시술 시 마지막에 광택을 주고

단단하게 해주는 제품

클리어 젤

젤 네일의 가장 기본이 되는 젤

젤 클렌저

큐어링 후 표면에 남아 있는 젤을

닦아내는 액체

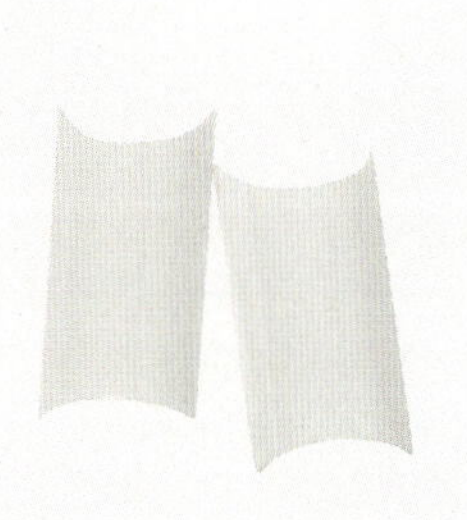

인조 팁

네일아트 시 사용하는 인조 네일

글루

인조 팁을 붙일 때 사용하는 접착제

팁 커터

인조 팁의 길이를 조절할 때 사용하는 도구

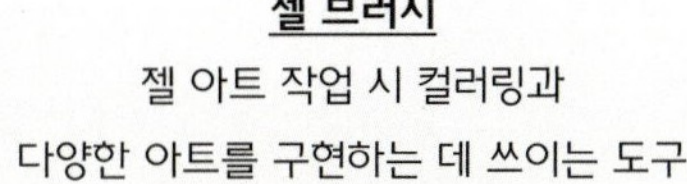

젤 브러시

젤 아트 작업 시 컬러링과
다양한 아트를 구현하는 데 쓰이는 도구

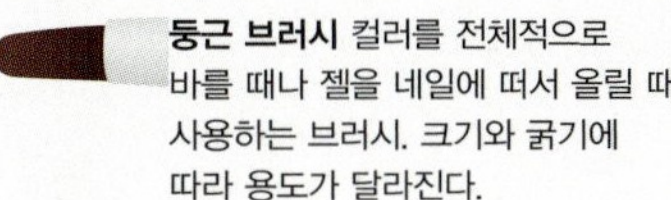

둥근 브러시 컬러를 전체적으로
바를 때나 젤을 네일에 떠서 올릴 때
사용하는 브러시. 크기와 굵기에
따라 용도가 달라진다.

사각 브러시 둥근 브러시와 같은
용도로도 사용되며 주로. 면을 이용
한 아트를 표현할 때 주로 사용한다.

사선 브러시 사선 형태의 프렌치
라인을 표현할 때 사용한다.

세필 브러시 얇은 선이나 세밀하게
표현하는 부분을 그릴 때 주로 사용
한다.

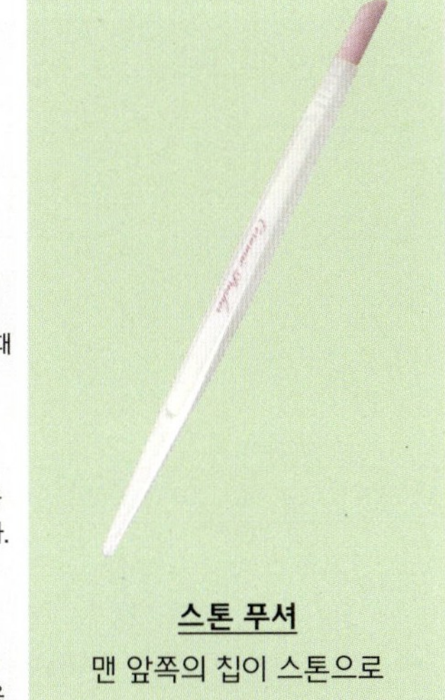

스톤 푸셔

맨 앞쪽의 칩이 스톤으로
되어 있는 푸셔의 종류

더스트 브러시

네일에 붙어있는 먼지, 가루 등의
이물질을 털어낼 때 사용하는 도구

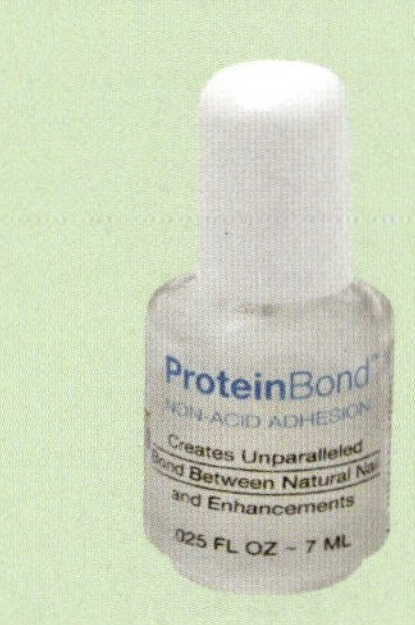

젤 본더

젤이 손톱에 잘 부착되도록
도와주는 촉매제

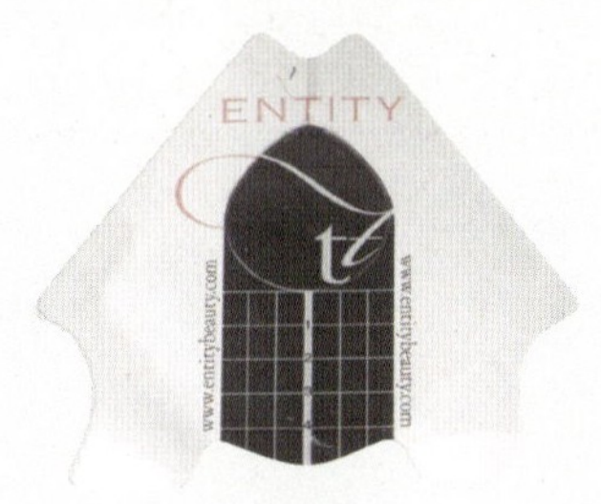

젤 폼

손·발톱의 길이를 연장할 때
지지대 역할을 해주는 일종의 틀

호일

젤 제거를 위한 속오프 시 필요한 도구

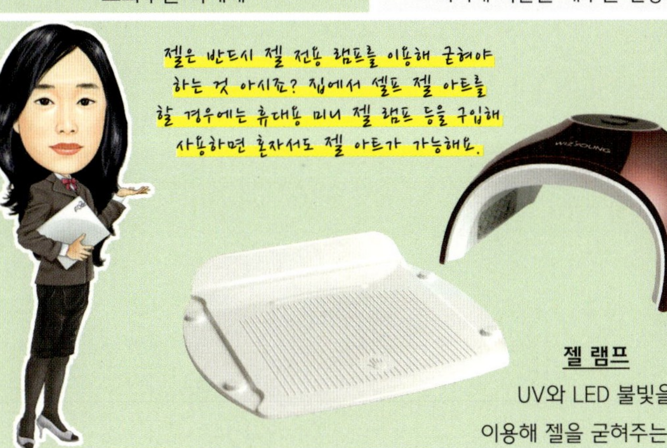

젤 램프

UV와 LED 불빛을
이용해 젤을 굳혀주는 기계

헷갈리는 젤 용어, 완전정복!

프리퍼레이션
Preparation

젤 네일을 시술하기 전에 미리 행하는 전처리 과정을 전문용어로 '프리퍼레이션'이라고 한다. 즉 준비단계를 말한다. 우선 젤이 자연 손톱과 분리되는 리프팅 현상을 막기 위한 에칭과 소독 작업이 필요하며, 젤이 잘 접착될 수 있도록 손톱 표면에 스크래치를 내면 준비 끝!

베이스 젤
Base Gel

베이스 젤은 젤 시술 시 가장 처음에 바르는 제품. 젤이 손톱에 잘 밀착될 수 있게 도와주며 색소 침착을 막아주는 중요한 역할을 한다.

탑 젤
Top Gel

탑 젤은 젤 시술의 마지막에 사용하는 제품. 반짝반짝하게 광택을 살려주고 젤을 더욱 강하고 단단하게 해준다.

클리어 젤
Clear Gel

'기본 젤'로 불리는 클리어 젤에 네일과 젤의 밀착력을 높여주는 성분이 들어가면 '베이스 젤'이 되고, 묽기를 되직하게 하여 잘 흐르지 않게 만들면 '빌더 젤'이 된다. 모든 젤 제품에 다양하게 섞어서 사용할 수 있는 기본적인 젤.

젤 본더
Gel Bonder

젤은 손톱 표면의 유분기를 반드시 제거해야한다. 그렇지 않으면 젤의 접착력이 약해져 금방 젤이 떨어져버린다. 이러한 현상을 방지하는 젤 본더는 접착력을 높여주는 촉매제 역할을 한다.

셀프레벨링
Self-leveling

젤이 스스로 퍼지는 현상을 전문용어로 '셀프레벨링'이라 말한다. 젤은 바르고 일정 시간이 지나면 셀프레벨링을 통해 서로 응집하면서 자체적으로 표면을 매끄럽게 만들어준다.

큐어링
Curing

큐어링은 우리 말로 굳는다는 의미의 '경화시키다'라는 뜻을 가지고 있다. 젤은 일반 네일 폴리시처럼 자연 건조가 되지 않는 제품 특성 상 반드시 큐어링 과정을 거쳐야 한다. 또한 각각의 브랜드마다 젤의 큐어링 타임이 조금씩 다르다. 따라서 램프의 종류에 따라 권장하는 큐어링 타임을 지켜야한다. 그래야 젤의 오랜 지속력과 광택을 유지할 수 있다.

히팅 현상
Heating

큐어링 시 손톱이 뜨거워지는 증상을 '히팅 현상'이라고 한다. 한꺼번에 많은 양의 젤을 손톱에 도포한 후 큐어링을 하면 열에 의해 수축현상이 일어나면서 뜨거움을 느끼게 된다. 이를 방지하기 위해서는 젤을 2~3회에 걸쳐 얇게 나누어 발라주면 된다.

젤 분산막
Uncured Gel

젤 시술 시 큐어링한 후 경화되지 않은 젤을 말한다. 분산막을 제거하지 않을 경우 광택과 지속력이 약화된다. 또한 젤 아트의 효과적인 구현이 어렵기 때문에 큐어링을 한 후 젤 클렌저를 이용해 미경화 젤을 제거하고 아트를 하는 것이 좋다.

젤 브러시
Gel Brush

젤을 이용해 아트를 구현하거나 젤 오버레이, 젤 익스텐션을 할 때 사용하는 도구로, 둥근, 사각, 세필, 사선 브러시 등으로 나뉘며 브러시 모의 형태에 따라 다양한 아트를 연출할 수 있다.

젤 나이프
Gel Knife

젤 나이프는 젤을 덜거나 섞어 줄 때 혹은 두 가지 이상의 컬러 젤을 섞어 색상을 만들 때 사용하는 도구로, 스패출러와 기능이 같다.

젤 클렌저
Gel Cleanser

젤 시술 시 큐어링 후 표면에 남아있는 미경화 젤을 닦아내는 액체로, 브랜드에 따라 '젤 클리너' 또는 '젤 클렌저' 등으로 불린다.

속오프
Soak-off

속오프 젤 제거 시 아세톤 원액 혹은 전용 클렌저를 이용해 녹여서 제거하는 방법. 녹인 후 남아있는 잔여물은 우드스틱이나 푸셔 등으로 깨끗하게 제거한다.

궁금하다! 젤에 대한 모든 것

Q1 폴리시 젤과 통 젤의 차이점이 궁금해요.

A 네일 에나멜처럼 손쉽게 사용할 수 있는 브러시 형태의 제품을 '폴리시 젤'이라고 하고, 폴리시 젤보다 점도가 높고 네일의 길이를 연장할 때 또는 별도의 브러시를 이용해 사용하는 형태의 젤로, 통에 담긴 젤을 '통 젤'이라고 합니다.

\ 폴리시 젤

\ 통 젤

Q2 속오프 젤과 하드 젤의 차이점은 무엇인가요?

A 속오프 젤은 퓨어 아세톤으로 제거가 가능하나 하드 젤은 드릴이나 파일을 이용해 제거해야 합니다. 속오프 젤과 하드 젤은 점성이 다르기 때문에 아트를 완성했을 경우 각각 경도가 다르며 가격은 하드 젤이 더 비싼 편입니다.

Q3 젤을 발랐을 때 표면에 기포가 생겨요.

A 일반 폴리시를 바르는 속도로 젤 브러시를 사용하면 기포가 생기는 경우가 많으므로 폴리시를 바를 때보다 조금 천천히 발라주어야 합니다. 젤끼리 많이 섞어 사용한 경우에도 젤 자체의 기포가 손톱 표면에 보일 수 있으니 주의하세요.

Q4 젤 시술 주기가 궁금해요.

A 폴리시 젤과 통 젤 모두 2주에 한 번씩 보수를 해주는 것이 좋으며 제거는 한 달 후가 적당합니다. 젤 시술 후 2주 안에 리프팅 현상이 생겼을 때 보수 또는 제거를 바로 해주지 않으면 들뜬 사이로 물이나 먼지가 들어가 곰팡이가 생길 수 있어요.

Q5 젤 시술 후 손톱 관리법이 궁금해요.

A 젤 시술을 받고나면 손톱이 건조해지므로 큐티클 전용 오일을 충분히 발라주세요. 큐티클 오일은 윤기 있고 매끄러운 손톱을 유지할 수 있도록 도와주는 효과적인 제품이에요.

Q6 큐어링 램프에서도 손이 태닝될 수 있나요?

A 큐어링 램프는 자외선과 적외선을 이용하기 때문에 시술을 자주 받으면 손이 까매질 수 있어요. 하지만 네일 에나멜처럼 시술을 자주 하는 것이 아니니 큰 영향은 없답니다.

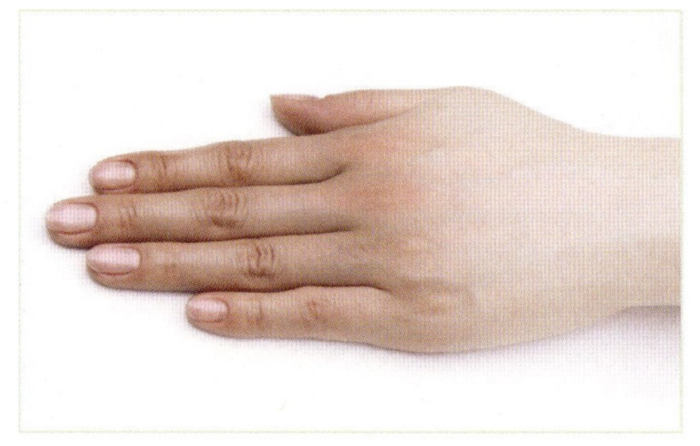

Q7 미경화 젤을 닦아내도 끈적임이 남아 있어요.

A 젤 클렌저 사용법이 포인트! 클렌저의 양이 많으면 폴리시 젤이 녹을 수 있고 너무 적으면 분산막이 확실히 제거되지 않아 끈적일 수 있어요.

Q8 탑 젤을 발랐더니 표면이 울퉁불퉁해졌어요.

A 탑 젤의 마무리가 원인일 수 있어요. 탑 젤을 지나치게 얇게 바르거나 적절한 큐어링 타임을 지키지 않으면 젤 클렌저에 의해 제거될 수가 있어요.

Q9 램프에 큐어링할 때 손톱이 뜨거워요.

A 이런 현상을 히팅 현상이라 부릅니다. 젤은 굳어질 때 화학 반응에 의해 열이 발생되는데 이것을 경화열이라고 해요. 손톱이 얇거나 상처가 있을 경우 뜨거움을 더 느끼며 너무 많은 양의 젤을 한꺼번에 올릴 경우 뜨거워질 수 있으니 얇게 여러 번 발라주는 것이 좋아요. 혹시 램프에서 큐어링할 때 손톱에 조금이라도 뜨거움을 느낀다면 램프에서 손을 빼고 다시 넣어주세요.

Q10 프라이머와 본더의 차이점이 궁금해요.

A 둘의 기능은 같지만 브랜드에 따라 프라이머 또는 본더 등의 명칭으로 불립니다. 손톱 표면의 유분을 제거해주고 손톱과 젤의 밀착력을 높이는 효과가 있는 제품입니다.

Q12 젤 시술을 받은 지 시간이 얼마 지나지 않았는데 컬러가 벌써 벗겨졌어요.

A 이 경우 두 가지 이유가 있을 수 있어요. 젤 시술 전에 프리퍼레이션 단계에서 완벽하게 하지 않았거나 큐어링 타임을 제대로 지키지 않으면 젤이 제대로 굳지 않아서 금방 뜨거나 벗겨지는 현상이 일어날 수 있어요.

Q13 시술을 마쳤는데 젤 컬러가 페이퍼타월에 묻어나요.

A 젤이 페이퍼타월에 묻어나는 경우는 대부분 젤의 분산막일 경우가 많아요. 젤의 분산막은 젤 클렌저를 이용해 제거해주면 됩니다.

Q14 젤 네일은 얼마간 지속이 가능한가요?

A 지속 시기는 젤의 종류에 따라 다릅니다. 하드 젤의 경우 보통 3주 이상 지속이 가능하고 속오프 젤은 2주 정도까지는 유지됩니다. 두 가지 모두 보수와 관리만 철저히 해주면 한 달 이상 유지도 가능합니다.

Q15 셀프 젤 네일을 할 경우 램프가 없으면 불가능한가요?

A 물론입니다. 기본적으로 젤 네일이란 UV 또는 LED 램프를 이용해 젤을 굳히는 시술입니다. 요즘은 많은 브랜드에서 셀프 네일족을 위해 경제적인 가격의 휴대용 램프들을 출시하고 있어 집에서도 간편하게 사용할 수 있습니다.

Q11 컬러 젤을 여러 번 발라도 얼룩이 생겨요.

A 일반적으로 베이스 젤의 양을 조절하지 않고 불규칙하게 바르면 컬러에 얼룩이 지는 현상이 일어납니다. 젤을 믹스할 때 덜 섞였을 경우에도 색이 얼룩질 수 있습니다.

\ 통 젤을 믹스할 땐 반드시 바닥까지 저어주세요.

\ 폴리시 젤은 네일 라커와 마찬가지로 손바닥에 놓고 병을 굴리듯 흔들어주세요.

UV or LED?

**젤 네일아트에 없어서는 안 될
램프에 대해 알아볼까요.**

젤과 네일 에나멜의 가장 큰 차이점이 있다면 램프를 사용해 컬러를 경화시키는 과정의 필요 유무에 있다. 젤 제품은 일반 에나멜과는 달리 램프에 경화시켜야 하는 과정을 거친다. 젤 네일을 하는 데 필요한 램프는 대표적으로 UV 램프와 LED 램프가 있다. 젤은 UV와 LED 두 종류 빛의 파장을 사용한다. 하지만 한 종류의 램프에만 다른 파장으로 응고되는 젤과 UV와 LED 공용으로 사용되는 젤이 있기 때문에 반드시 브랜드 별 제품 사용설명서를 확인한 후 램프를 구입해야 한다.

UV 램프

UV 램프는 예전부터 UV 젤 또는 하드 젤을 사용할 때 사용되던 젤 전용 램프로서 젤이 등장한 이후 가장 먼저 소개된 제품이다. 우리말로 '자외선 램프'라는 뜻을 가지고 있는 UV 램프는 말 그대로 자외선을 이용해 젤을 경화시키는 기계다. 보통 9W~54W의 램프가 출시되고 있으며 빛의 세기와 파장에 따라 큐어링 타임이 달라진다. 주의할 점은 자외선을 이용하기 때문에 잦은 시술 시 멜라닌 색소가 침착되어 피부가 검어지거나 탈 수 있다. 그러므로 UV 램프를 자주 사용할 경우에는 자외선 차단 크림 또는 면장갑 등을 이용해 손을 보호해주는 것이 좋다.

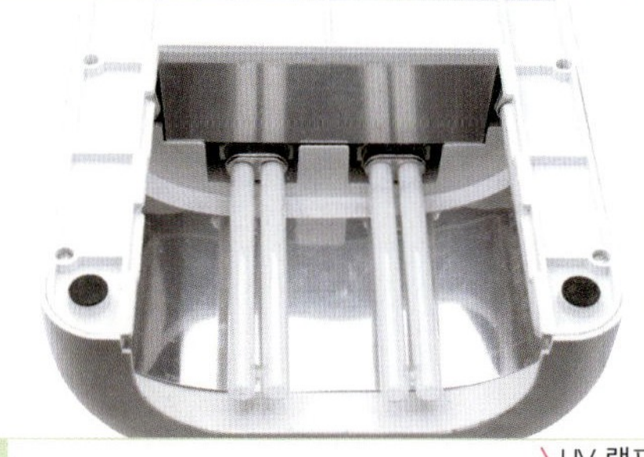

\ UV 램프

UV 램프 사용 시 램프의 수명이 다할수록 램프의 파장이 약해질 수 있어요. 큐어링 타임이 길어지는 경우 램프를 교체해주는 것이 좋아요.

LED 램프

최근에 많이 등장하고 있는 LED 램프는 평균 50,000시간 정도 사용이 가능하며 UV 램프보다 큐어링 타임이 짧은 것이 특징이다. LED 램프는 빛의 파장이 UV 램프와는 다르다. 일반적으로 360nm에서 410nm의 파장을 갖고 있고 특유의 강한 푸른빛을 띠며 인체에 무해하다. UV 램프로 1분간 큐어링이 필요하다면 LED 램프는 10초면 가능하다. 이처럼 LED 램프는 큐어링 타임이 짧기 때문에 시술 시간이 단축되는 이점이 있다. 각 브랜드 제품마다 램프 모델과 개수가 다양하므로 구입 시 주의해야 한다.

LED 램프에 큐어링이 되지 않는 제품들이 있어요. 예전에 나온 UV 젤 또는 하드 젤 제품들은 UV 램프에서만 큐어링이 가능해요. 최근에는 LED 램프와 호환되는 제품들이 다양하게 출시되고 있습니다.

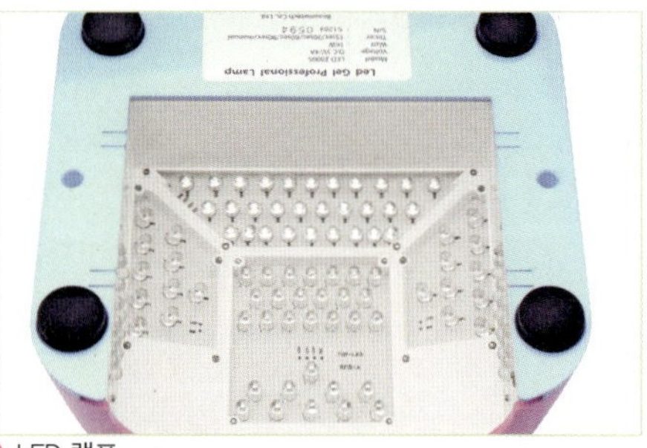

\ LED 램프

젤 시술의 가장 기본은 젤 프리퍼레이션! 젤을 시작하기 전 준비 단계로 완벽한 젤 아트를 위해서는 필수적인 코스다. 만약 잘못된 프리퍼레이션 방법으로 젤 시술을 하게 되면 리프팅이 빨리 생겨 금방 젤이 들뜨는 현상이 일어나 그 틈새로 곰팡이 균이 생성될 수 있다.

젤 아트를 시작하기 전 자연 네일의 유·수분을 제거함으로써 젤의 리프팅을 막고 지속력을 높이기 위한 아주 중요한 기초 작업이예요.

시술 전

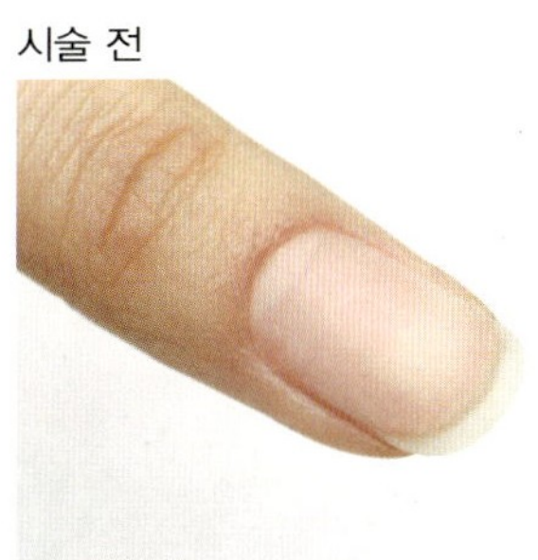

1 ＞ 파일을 이용해 손톱 모양을 일정하게 다듬어 셰이프를 잡아준다.

2 ＞

푸셔를 이용해 꼼꼼히 큐티클을 제거해준다.

3 ＞

스톤 푸셔를 이용해 손톱 표면에 붙어 있는 루즈 스킨과 이물질을 제거해준다.

4 ＞

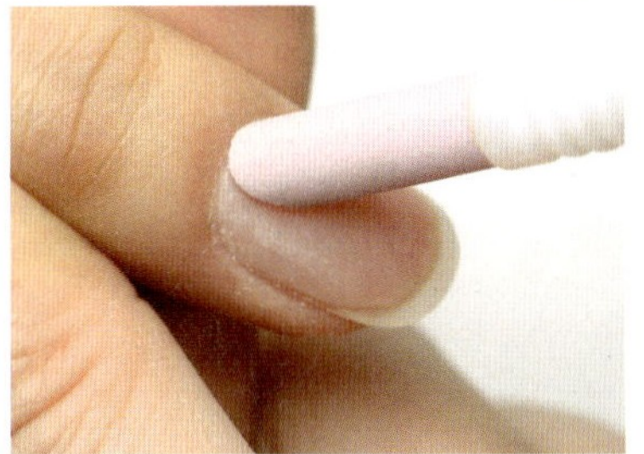

샌딩 블록을 이용해 손톱의 표면에 있는 유·수분을 제거해준다.

5 ＞

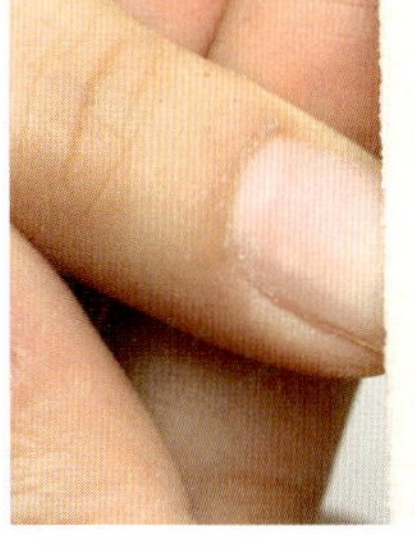

더스트 브러시를 이용해 먼지를 제거해준다.

6 ＞

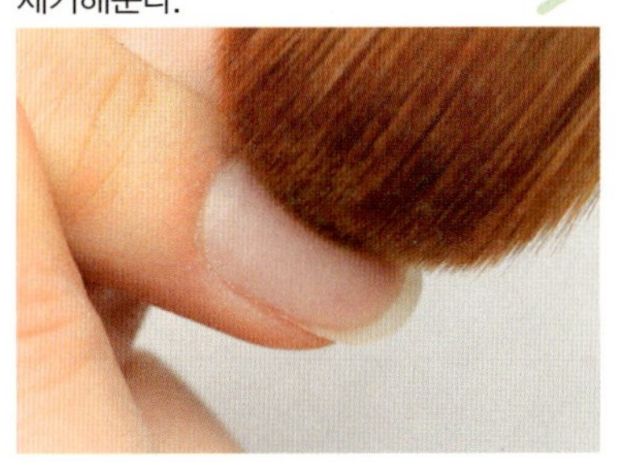

손톱의 유·수분을 제거하고 젤의 접착력을 높이기 위해 젤 본더를 바른다.

7 ＞

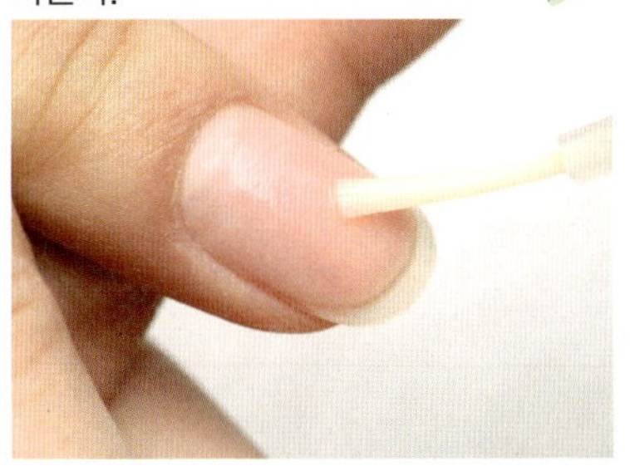

시술 후

8 /

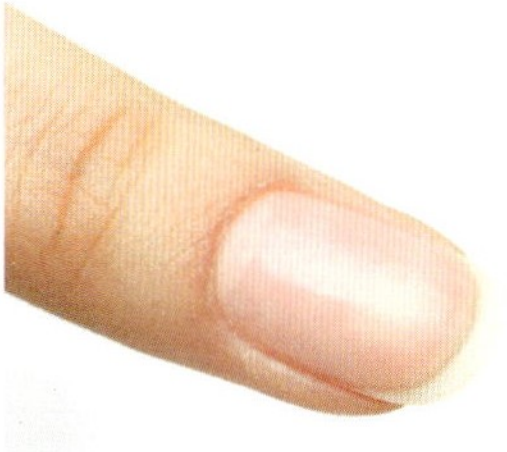

폴리시 젤 바르기 Gel Coloring

프리퍼레이션 과정 후
1 >

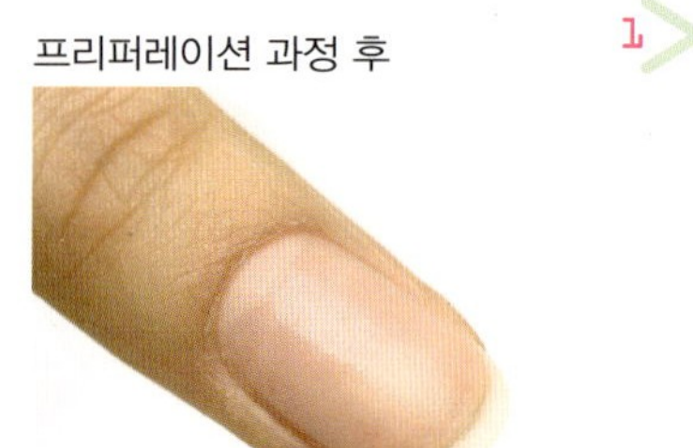

자연 네일의 유분기를 제거한 후
베이스 젤을 바른다.
2 >

UV 램프에 1분간 큐어링한다.
3 >

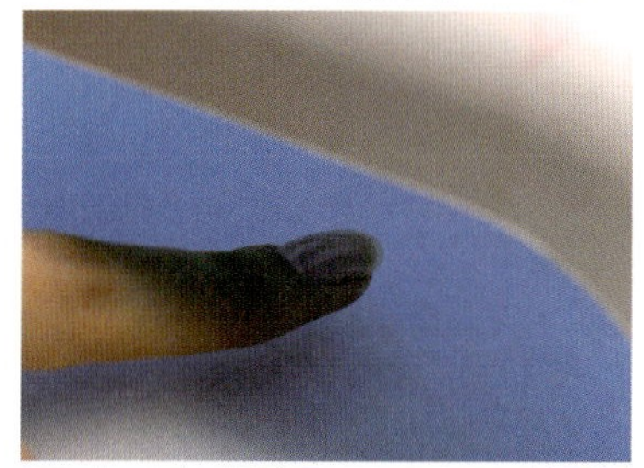

클렌저를 페이퍼타월에
묻혀 미경화 젤을
깨끗하게 닦아낸다.
4 >

폴리시 젤을 피부에
묻지 않도록 주의해서
한번 바른다.
5 >

프리 에지 부분까지 꼼꼼히 바른다.
6 >

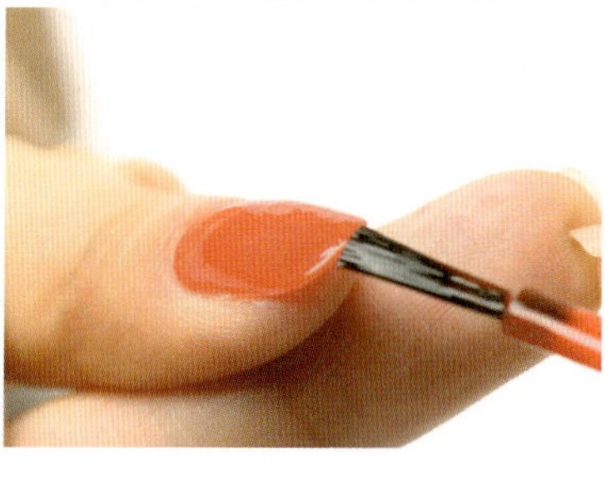

UV 램프에 1분간 큐어링한다.
7 >

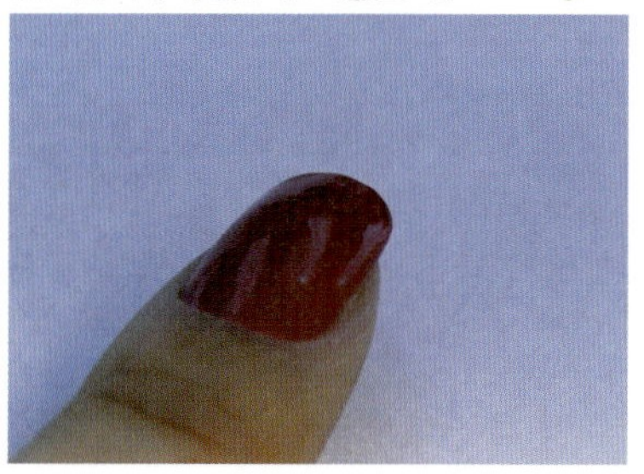

폴리시 젤을 다시 한 번 바른 후
UV 램프에 1분간 큐어링한다.
8 >

탑 젤을 바른 후 UV 램프에
1분간 큐어링한다.
9 >

클렌저를 페이퍼타월에
묻혀 미경화 젤을
깨끗하게 닦아낸다.
10 >

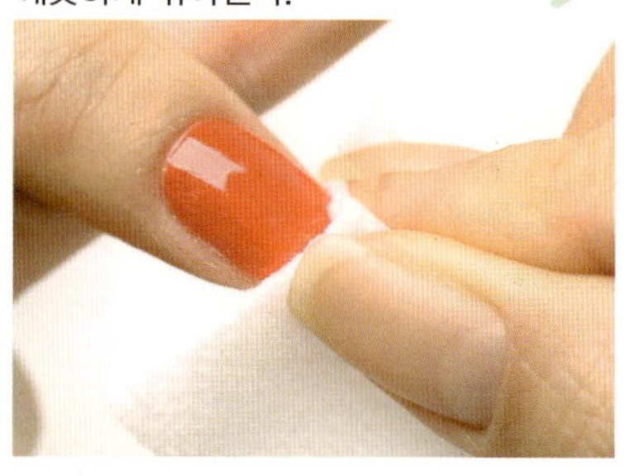

시술 후
11 >

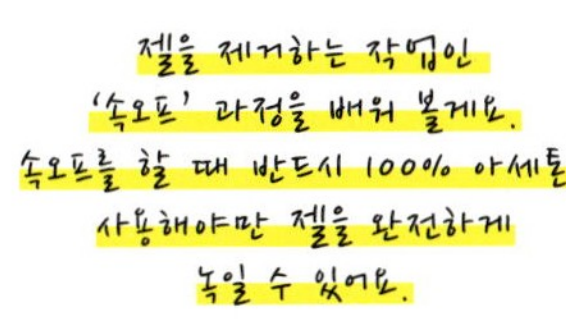

시술 전 1

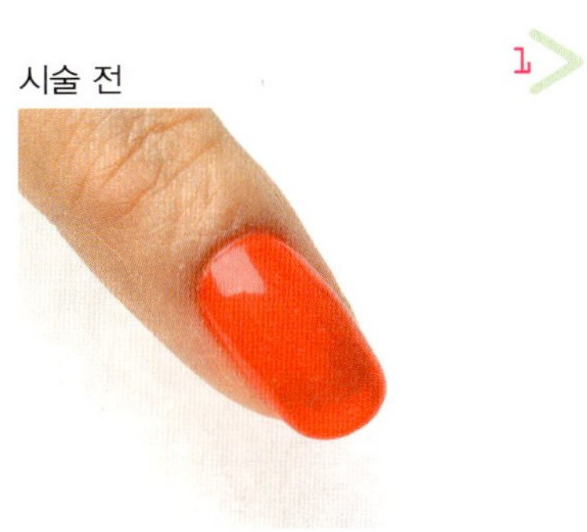

빠른 제거를 위해 표면의 탑 젤을
파일을 이용해 갈아낸다. 2

솜에 퓨어 아세톤을 적셔
손톱 위에 올려준다. 3

아세톤이 증발되지 않도록
호일로 감싼 후
10분 정도 방치한다. 4

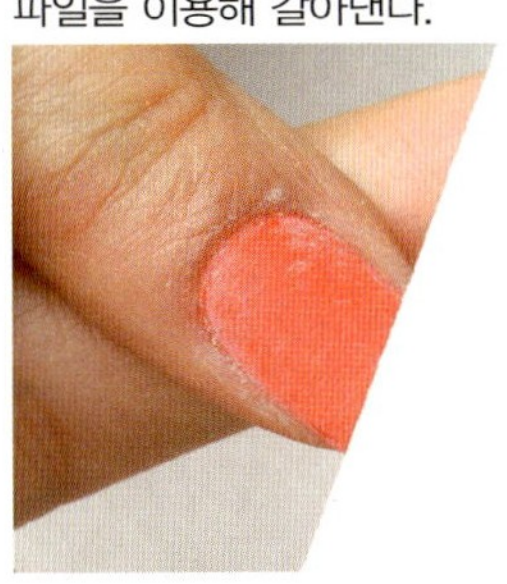
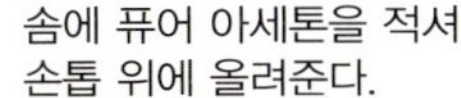
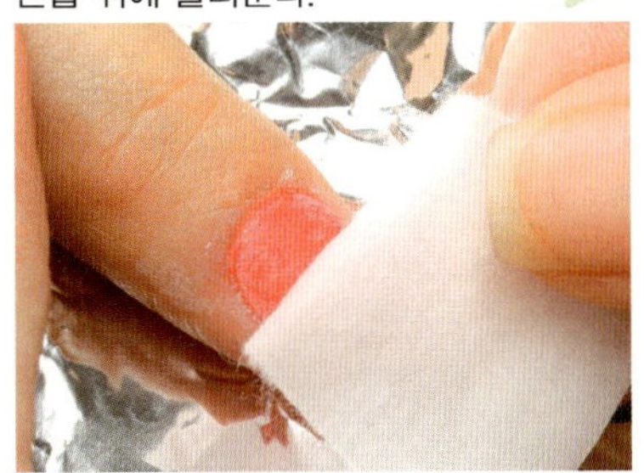

푸셔를 이용해 자연 네일이
손상되지 않도록 조심스럽게
위에서 아래로 긁어준다. 5

샌딩 블록 또는
부드러운 파일을 이용해
표면을 매끄럽게 정리한다. 6

시술 후 7

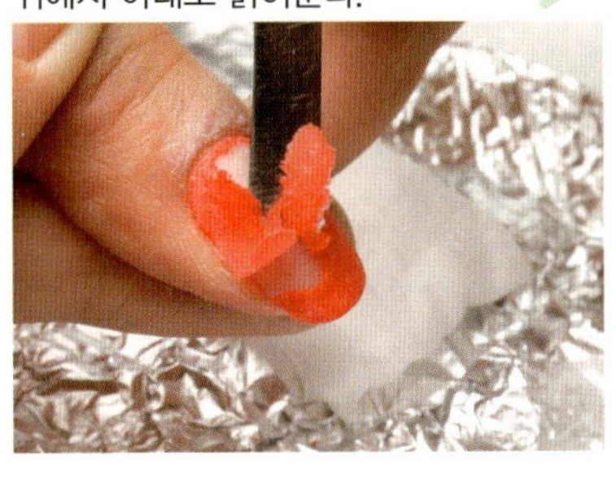
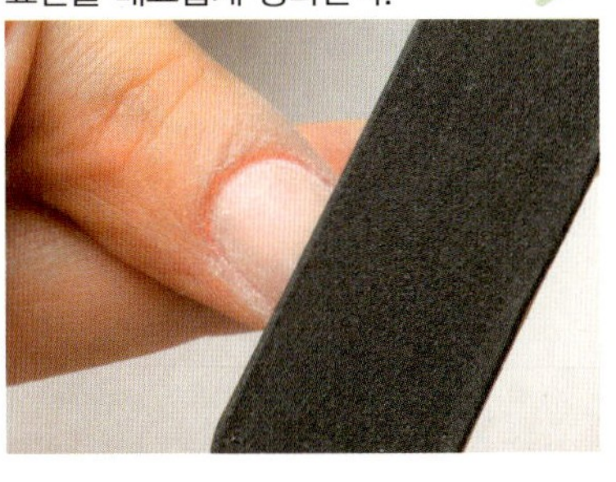
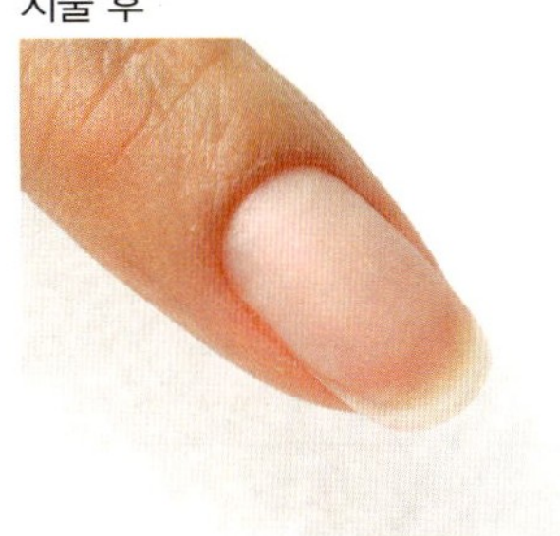

Chapter 1. Basic Art

프렌치|French;

네일의 프리 에지*에만 컬러링하는 테크닉. 최근에는 반대로 루눌라* 부분과 색상 대비를 연출하는
'문Moon 매니큐어', 컬러링의 폭을 더 넓게 연출하는 '딥Deep 프렌치' 등 다양한 버전이 사랑을 받고 있다.

블랙 & 화이트 눈꽃 디자인

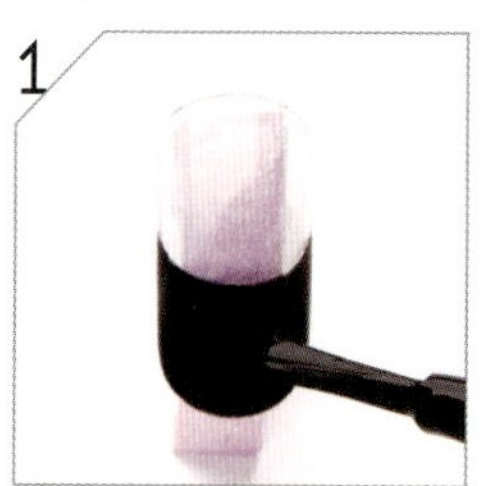

1 베이스 젤을 바르고 큐어링한 후 검은색 폴리시 젤을 이용해 프렌치를 2회 바르고 각각 큐어링한다.

2 미경화 젤을 닦아낸 후 눈꽃 디자인의 스티커를 붙인다.

3 스티커의 남는 부분을 가위로 자른다.

4 탑 젤을 바르고 큐어링한 후 스톤을 장식한다.

스티커를 붙일 때 표면에 매끄럽게 붙이는 노하우가 있나요?  미경화 젤을 제거한 후 표면이 미끄럽지 않은 고무 스틱 등으로 꼼꼼히 밀착시켜주세요.

퍼플 마블 프렌치

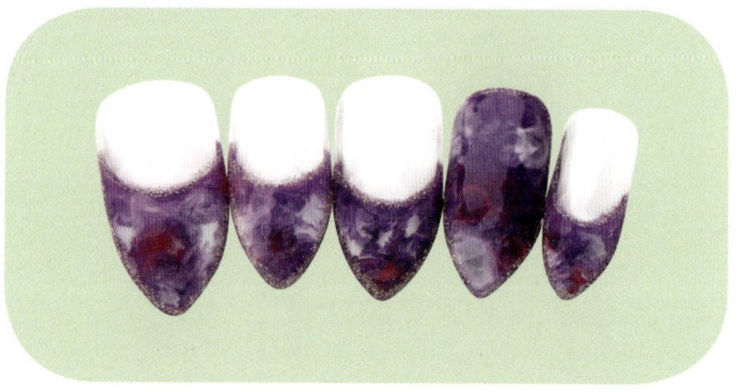

1 베이스 젤을 바르고 큐어링한 후 보라색 컬러 젤을 사선 브러시에 묻혀 프렌치를 한 번만 연출하고 큐어링한다.

2 프렌치 부분을 한 번 더 바르고 큐어링하지 않은 상태에서 두 가지 이상의 컬러 젤을 사이사이 바른다.

3 깨끗한 브러시를 이용해 컬러를 믹스한 후 큐어링한다.

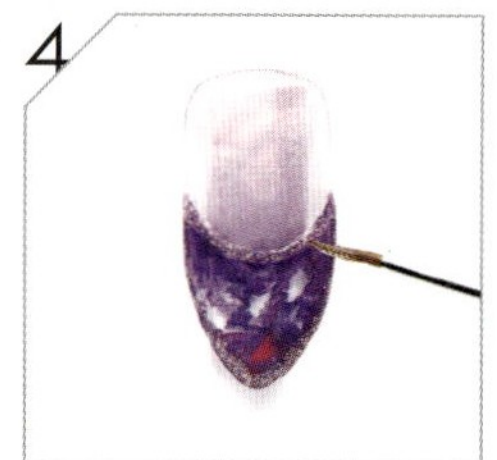

4 글리터 젤을 세필 브러시에 묻혀 프렌치 라인에 그리고 큐어링한 후 탑 젤을 바르고 큐어링한다.

마블 기법을 할 때 브러시를 어떻게 사용해야 지저분하지 않고 자연스러운 패턴을 만들 수 있나요?  페이퍼타월에 젤 클렌저를 묻혀 브러시를 닦아주면서 펴주세요.

1

베이스 젤을 바르고 큐어링한 후 빨간색 폴리시 젤을 이용해 프렌치를 2회 바르고 각각 큐어링한다.

2

검은색 폴리시 젤을 덜어 세필 브러시에 묻혀 가로줄을 긋고 큐어링한 뒤 세로줄을 긋고 다시 한 번 큐어링한다.

3

글리터 젤을 세필 브러시에 묻혀 프렌치 라인과 체크 라인 사이에 라인을 그린 후 큐어링한다.

4

탑 젤을 바르고 큐어링한 후 스톤을 장식한다.

클래식 레드 체크

체크의 종류마다 라인의 표현이 다른 것 같아요. 선의 굵기와 스타일에 따라 다양한 체크를 표현하는 방법이 알고 싶어요. **Q & A** 브러시의 종류를 선의 굵기에 맞게 교체해주세요.

1

베이스 젤을 바르고 큐어링한 후 흰색 컬러 젤을 한번만 바른 뒤 큐어링한다.

2

여러 가지 색상의 폴리시 젤을 불규칙한 형태로 바르고 컬러 젤의 발색을 위해 한 번 더 발라주고 다시 한 번 큐어링한다.

3

검은색 컬러 젤을 세필 브러시에 묻혀 프렌치 라인에 라인을 그린다.

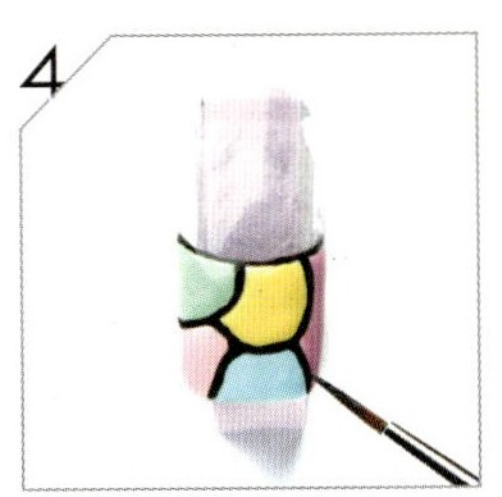

4

검은색 컬러 젤을 세필 브러시에 묻혀 불규칙한 형태 사이사이에 검은색 라인을 그린 후 큐어링하고 탑 젤을 발라 큐어링한다.

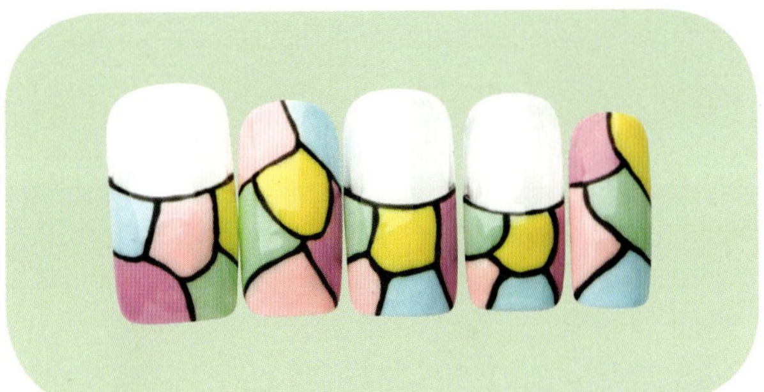

파스텔 모자이크

테두리를 그릴 때 매끈하게 라인을 완성하는 노하우를 가르쳐주세요. **Q & A** 라인 브러시 끝에 컬러 젤이 뭉치지 않도록 닦으면서 그려주세요.

034

물결 모양의 프렌치 도트

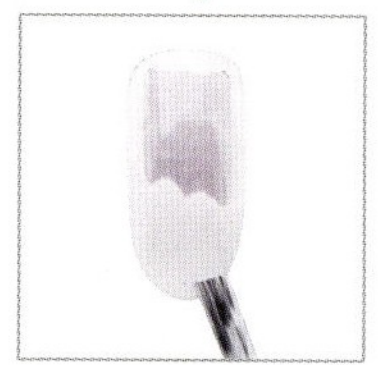

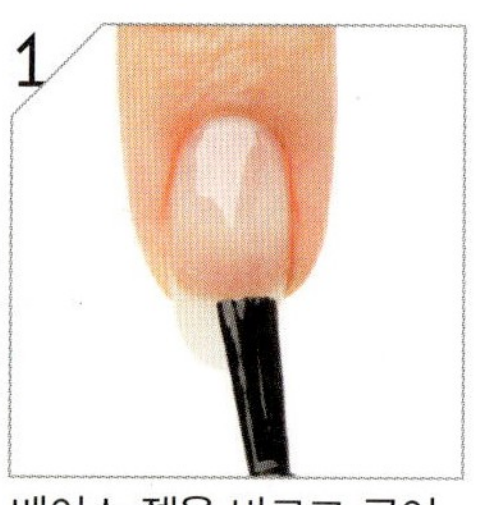

1

베이스 젤을 바르고 큐어
링한다.

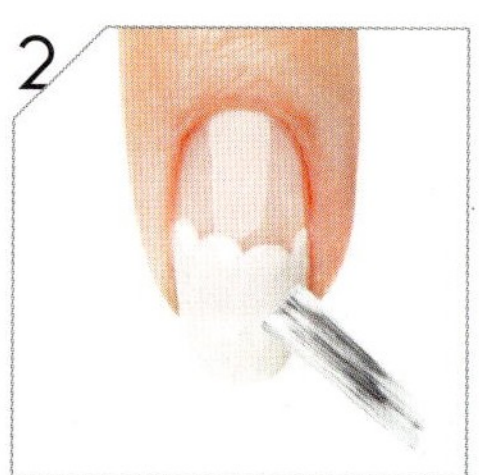

2

흰색 폴리시 젤을 이용해
물결 모양의 프렌치를 디
자인한 후 2회 바르고 각
각 큐어링한다.

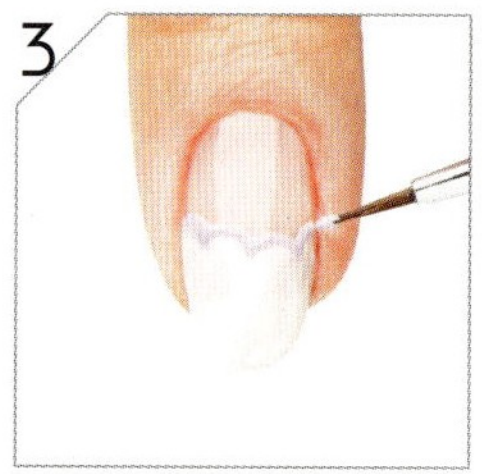

3

연보라색 컬러 젤을 세필
브러시에 묻혀 물결 모양
경계선 밖으로 라인을 그
린 후 큐어링한다.

Tip

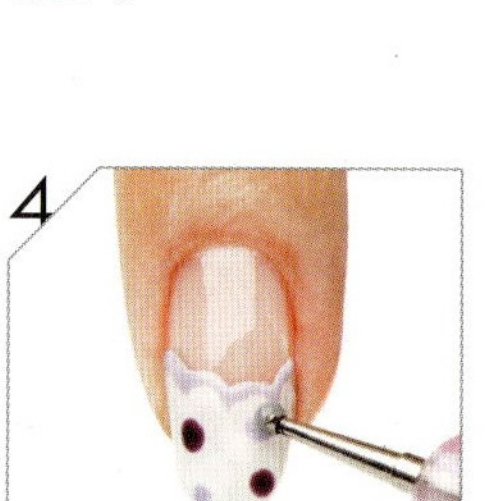

물결 모양의 프렌치를 그
릴 땐 3자를 그리듯이 라
인을 그리고 쓸어내려 주
세요.

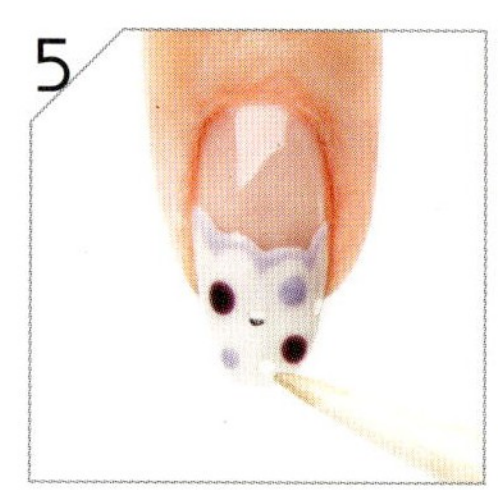

4

여러 가지 폴리시 젤을
덜어내어 스틱에 묻힌 후
도트를 찍어주고 큐어링
한다.

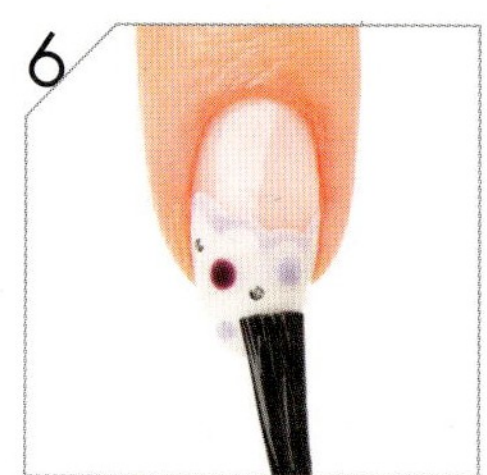

5

도트 사이사이에 스팽글
을 장식한다.

6

탑 젤을 바르고 큐어링한다.

산뜻한 아쿠아 그린 컬러와
퍼플, 블랙 컬러를 이용해
투톤 프렌치를 연출하고 골드
계열의 스톤으로 에스닉한
분위기를 더했어요.

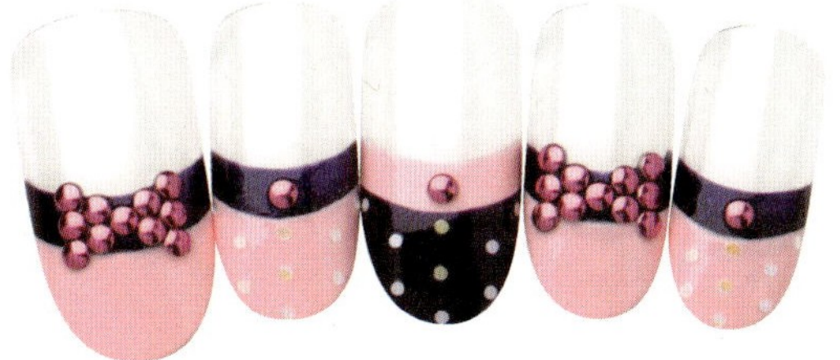

퍼플과 핑크 컬러를 이용해
투톤 프렌치를 연출하고
귀여운 도트 패턴과
스톤으로 만든 리본으로
포인트를 주었어요.

블링블링한 골드 글리터를
이용해 프렌치 부분을 채우고
각양각색의 프레셔스 스톤
파츠를 포인트로 장식했어요.

순백의 신부를 연상시키는
화이트 컬러를 이용해
하트 프렌치를 연출하고
실버 글리터와 스톤으로
네크리스 느낌의
장식을 완성했어요.

핑크, 라벤더, 스카이 블루
컬러를 이용한 삼색
딥 프렌치에 핸드페인팅
기법으로 섬세한
레이스를 그려넣었어요.

V자 형태의 면 분할 프렌치

Tip

글리터 젤의 색상이 잘 발색될 수 있도록 비슷한 색상의 폴리시를 먼저 발라주세요.

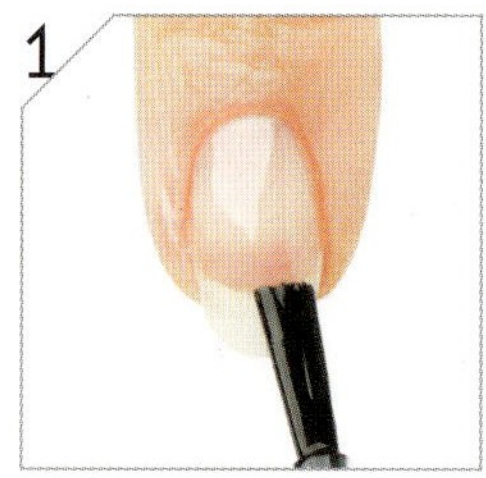

1 베이스 젤을 바르고 큐어링한다.

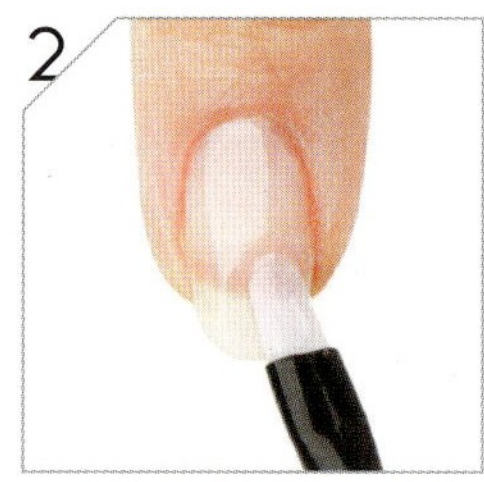

2 누드색 컬러 젤을 전체적으로 바르고 큐어링한다.

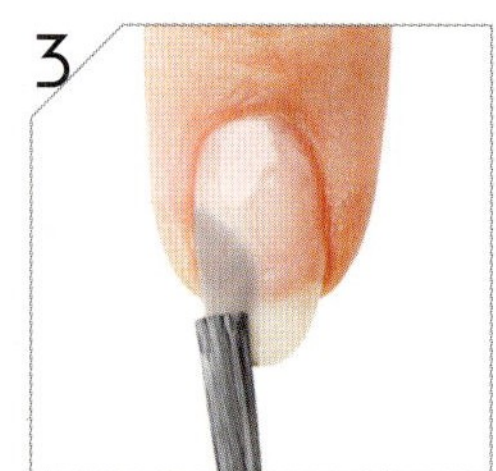

3 회색 폴리시 젤을 이용해 커튼 모양의 프렌치를 반 정도 그린 후 큐어링한다.

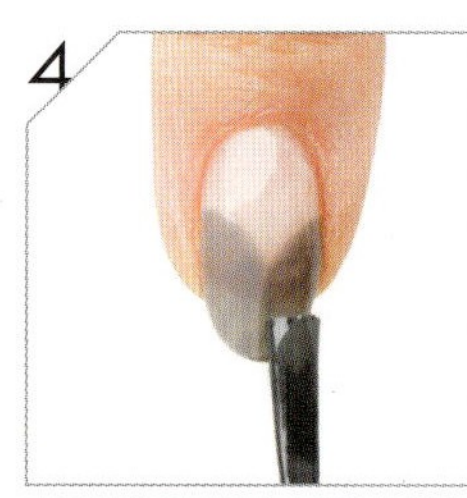

4 진회색 폴리시 젤을 이용해 나머지 반을 그린 후 큐어링한다.

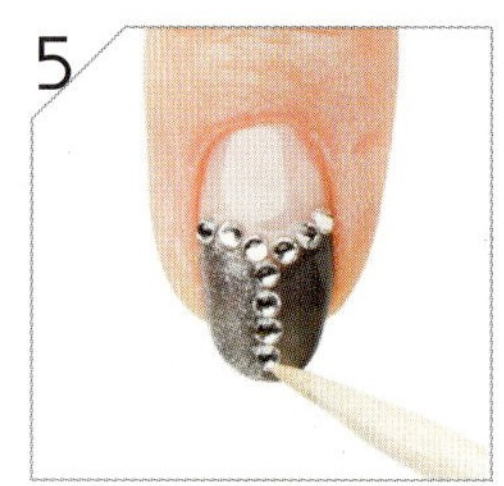

5 스톤을 장식한다.

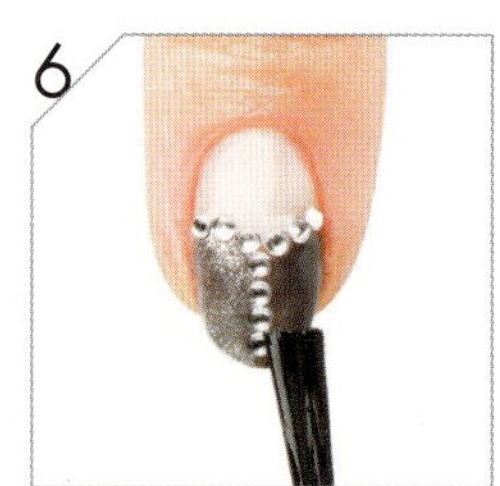

6 탑 젤을 바르고 큐어링한다.

036

French

피치 핑크와 화이트를 이용해
여성스러운 느낌의
투톤 프렌치를 완성한 후
커다란 파츠로 포인트를 주었어요.

로맨틱한 하트 프렌치를
연출하고 피치 핑크 컬러로
포인트를 준 후 실버 글리터와
스톤으로 하트를 장식했어요.

메탈릭 느낌의 그린과
골드 컬러를 이용해
딥 프렌치를 연출하고
귀여운 보 모양의 파츠를
엄지 손톱에 붙였어요.

세련된 그레이 계열의 컬러를
사용해 심플한 V자 형태의
프렌치를 연출했어요.

퍼플과 실버 글리터를
사선 형태로 발라 프렌치를
완성한 후 오색 글리터를
포인트로 장식했어요.

Chapter 2. Basic Art

그러데이션 Gradation;

스펀지를 이용해 여러 가지 색상을 자연스럽게 연결시켜 연출하는 테크닉. 두 가지 이상의 색상을 스펀지에 묻혀 가로 혹은 세로로 표현한 아트를 소개한다.

바다 위의 스톤 아트

1 베이스 젤을 바르고 큐어링한 후 하늘색 폴리시 젤을 전체적으로 바르고 큐어링한다.

2 파란색 폴리시 젤을 스펀지에 묻혀 찍어준 후 큐어링한다.

3 글리터 폴리시 젤을 전체적으로 바른 후 큐어링한다.

4 탑 젤을 바르고 큐어링한 후 파츠와 구슬을 장식한다.

스톤을 장식할 때 들쭉날쭉하지 않게 배치하는 방법이 있나요?  중심을 먼저 잡고 상하좌우 붙여서 빈 공간을 채워주세요.

040

달콤한 솜사탕 컬러의 딥 프렌치

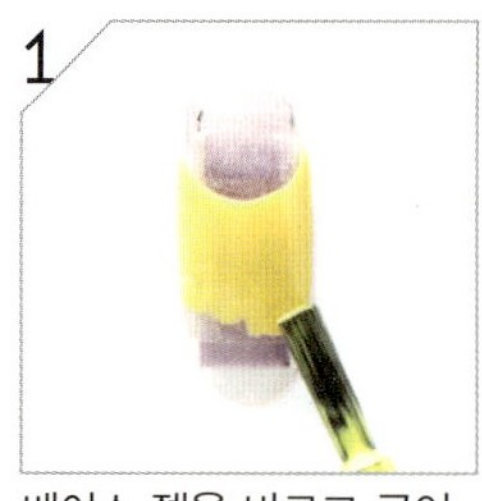

1 베이스 젤을 바르고 큐어링한 후 노란색 폴리시 젤을 이용해 딥 프렌치를 반만 표현하고 큐어링한다.

2 나머지 부분에 분홍색 폴리시 젤을 바른 후 스펀지로 경계를 찍어준다.

3 프렌치 라인에 글리터 젤을 세필 브러시에 묻혀 라인을 그린다.

4 탑 젤을 바르고 큐어링한 후 스톤을 장식한다

그러데이션을 할 때 두 가지 컬러 대비가 클 경우 경계선을 매끄럽게 연출하는 방법이 알고 싶어요.  두 가지 색상을 나눠서 바르고 경계면만 스펀지로 찍어주세요.

베이스 젤을 바르고 큐어링한 후 스펀지에 흰색 폴리시 젤을 묻혀 전체적으로 찍어준 뒤 큐어링한다.

글리터 폴리시 젤을 전체적으로 발라 큐어링한다.

미경화 젤을 닦아낸 후 핀셋을 이용해 스티커를 붙인다.

탑 젤을 바르고 큐어링한 후 스톤을 장식한다.

진주와 꽃을 이용한 프렌치

스티커를 붙인지 얼마 안됐는데 벗겨져요. **Q & A** 스티커를 탑 젤로 완전히 감싸주세요.
스티커가 두꺼운 경우 탑 젤을 두 번 바르세요.

베이스 젤을 바르고 큐어링한 후 회색 폴리시 젤을 전체적으로 바르고 큐어링한다.

스펀지에 검은색 폴리시 젤을 묻혀 찍어준 후 큐어링한다.

글리터 폴리시 젤을 경계 부위에 바른 후 큐어링한다.

탑 젤을 바르고 큐어링한 후 스톤을 장식한다.

은하수를 닮은 스톤 아트

스톤을 장식할 때 잘 떨어지지 않는 방법이 있나요? **Q & A** 접착제의 선택이 중요하며 공간이 뜨지 않게 표면과
밀착시키며 탑 젤을 이용해 다시 한 번 주변을 감싸주세요.

뿌리기 기법을 응용한
글리터 프렌치

Tip

젤을 표면에 바른 후 글리
터를 손톱에 직접 찍어주
면 쉽게 작업할 수 있다.

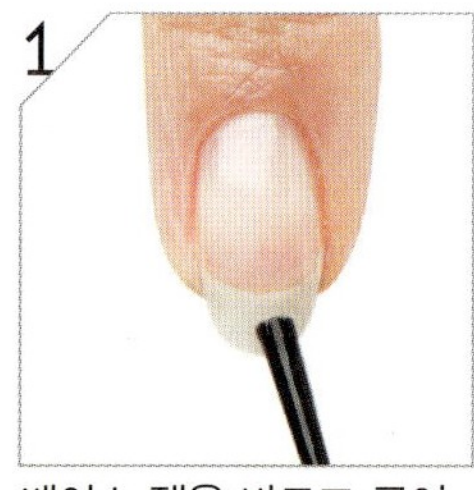

1 베이스 젤을 바르고 큐어
링한다.

2 깨끗한 브러시를 이용해
글리터를 프리 에지 부분
에 바른다.

3 프리 에지에 바른 색상보
다 흐린 글리터를 손톱
중간 부분에 바른다.

4 두 글리터 경계 부위에
굵은 글리터를 바른다.

5 탑 젤을 바르고 큐어링한다.

6 미경화 젤을 닦아내고 흰
색 컬러 젤을 스틱에 묻혀
도트를 찍어준다.

7 세필 브러시를 이용해 도
트를 바깥쪽으로 끌어 당
겨 퍼트린 후 탑 젤을 바
르고 큐어링한다.

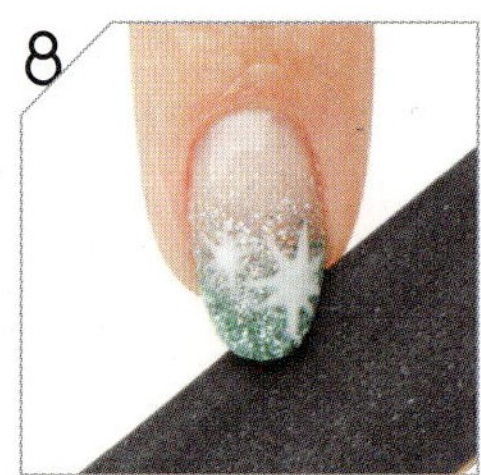

8 글리터로 인해 거칠어진
손톱 끝 부분을 부드러운
파일로 정리한다.

블랙 베이스에 매혹적인 퍼플
글리터 컬러와 홀로그램
글리터를 바른 후 파츠와
스톤을 장식했어요.

그린과 화이트를 베이스로
블랙과 골드 글리터로 프렌치
느낌을 연출하고 별 모양
스티커를 더했어요.

무지개를 보는 듯 다양한 컬러를
이용한 그러데이션에 홀로그램
글리터를 장식하고 트위드
느낌의 라인 아트와 파츠로
사랑스러운 아트를 완성했어요.

분홍색 베이스에
펄감이 있는 컬러들을
그러데이션 한 후 블랙 컬러를
이용해 라인 아트를 그리고
스톤을 장식했어요.

여러 가지 컬러를 이용해
그러데이션 아트를 완성한 후
파츠와 스톤을 더했어요.

메탈 컬러 젤을 이용한 스톤 아트

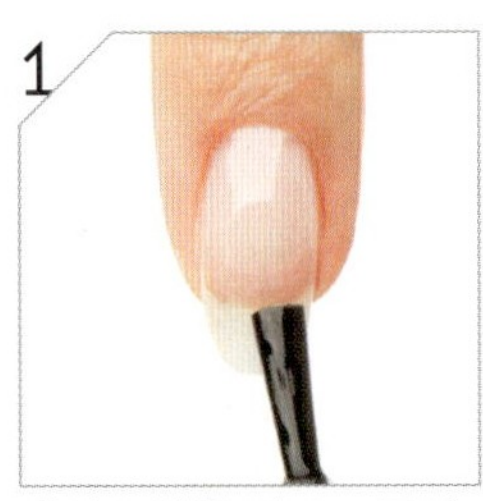

1

베이스 젤을 바르고 큐어링한 후 메탈 컬러 젤 전용 탑 젤을 바르고 큐어링한다.

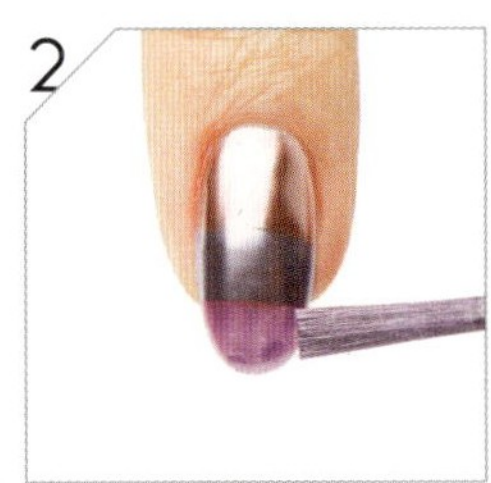

2

3가지의 메탈 폴리시 젤을 3등분해 가로로 바르고 30초 후 메탈 색상으로 변하면 큐어링한다.

Tip

메탈 컬러 젤을 바를 때 브러시에 묻어있는 양도 있으니 소량만 묻혀서 사용한다.

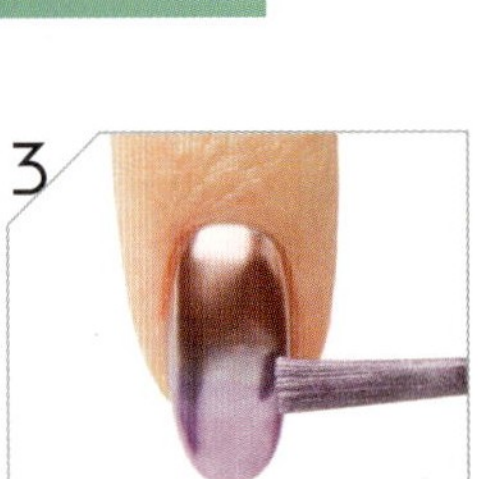

3

그러데이션을 위해 3가지 색상의 경계 부분이 겹치도록 다시 한 번 3가지 컬러 젤을 바른 후 색상이 메탈 색상으로 변하면 큐어링한다.

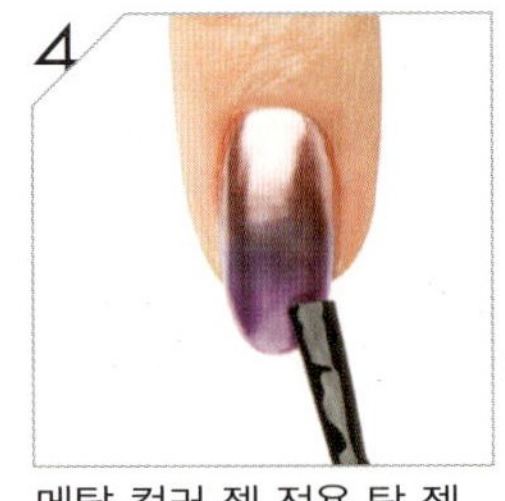

4

메탈 컬러 젤 전용 탑 젤을 바르고 큐어링한다.

5

스톤을 장식한다.

메탈 컬러를 이용해
면 분할을 연출하고
스티커로 로코코풍 라인
아트를 연출했어요.

멀티 컬러를 이용한
스펀지 그러데이션으로
딥 프렌치를 연출했어요.

멀티 컬러를 이용해
추상적인 패턴을 완성하고
골드 젤 라이너로
테두리를 강조했어요.

멀티 컬러를 이용한
그러데이션 베이스에 로맨틱한
장미 모티브를 핸드페인팅
기법으로 완성했어요.

연한 핑크 베이스에
홀로그램 글리터와 스톤을
이용해 신부를 위한
아트를 완성했어요.

Chapter 3. Basic Art

레오퍼드 Leopard;

애니멀 패턴 중 가장 인기가 많은 표범 무늬. 다양한 색상을 이용해 그래픽한
느낌을 연출하거나 다른 애니멀 모티프에 적용시킨 아트를 소개한다.

강렬한 색상 대비의
골드 포인트 프렌치

1

2

3

4

베이스 젤을 바르고 큐어링한 후 녹색 폴리시 젤을 전체적으로 바르고 큐어링한다.

검은색 폴리시 젤을 이용해 프렌치를 그린 후 큐어링한다.

글리터 젤을 세필 브러시보다 두꺼운 브러시에 묻혀 레오퍼드 패턴을 그린 후 큐어링한다.

프렌치 위에 스팽글을 붙인 후 탑 젤을 바르고 큐어링한다.

딥 프렌치를 그릴 때 지저분하게 마무리되는 부분은 어떻게 처리하나요?  큐어링하기 전에 지저분한 선을 깨끗한 브러시를 이용해 닦아주세요.

블루 & 핑크
그러데이션

1

2

3

4

베이스 젤을 바르고 큐어링한 후 분홍색 폴리시 젤을 전체적으로 바르고 큐어링한다.

파란색 폴리시 젤을 스펀지에 묻혀 찍어주고 그러데이션을 해준 후 큐어링한다.

글리터 폴리시 젤을 바르고 큐어링한다.

파란색 컬러 젤을 세필 브러시보다 두꺼운 브러시에 묻혀 레오퍼드 패턴을 그리고 큐어링 한 후 탑 젤을 바른 뒤 큐어링한다.

레오퍼드 패턴을 만들 때 브러시의 강약 조절이 어려워요.  C를 그리는 형태로 끝부분을 얇게, 중간 부분을 두껍게 그려주세요.

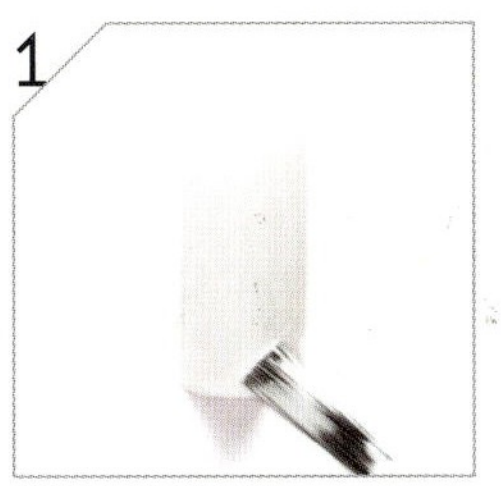

1

베이스 젤을 바르고 큐어
링한 후 흰색 폴리시 젤을
전체적으로 바르고 큐어
링한다.

2

바탕에 여백을 두고 연두
색 폴리시 젤을 바른다.

3

연한 주황색 폴리시 젤을
바르면서 경계를 펴준 후
큐어링한다.

4

흰색 폴리시 젤을 이용해
크고 작은 도트를 그리고
큐어링한 후 세필 브러시를
이용해 테두리를 그리고 큐
어링한 뒤 탑 젤을 바르고
큐어링한다.

달콤한 캔디 컬러의
팝 아트

레오퍼드 패턴에도 여러 가지 디자인이 있나요? **Q & A** 색상, 선의 종류에 따라 다양한 표현이 가능하지요.

1

베이스 젤을 바르고 큐어
링한 후 금색 폴리시 젤을
전체적으로 바르고 큐어
링한다.

2

청록색 폴리시 젤을 이용
해 투톤 프렌치를 그린 후
큐어링한다.

3

벽돌색 폴리시 젤을 이용
해 도트 패턴을 찍어준 후
큐어링하고 검은색 컬러
젤을 세필 브러시에 묻혀
레오퍼드 패턴을 그린 후
큐어링한다.

4

탑 젤을 바르고 큐어링한
후 스톤을 장식한다.

레드 포인트의
사선 프렌치

컬러링을 할 때 브러시 자국이 자꾸 남아요.
매끄럽게 발리는 방법이 있나요? **Q & A** 브러시의 각도를 45도로 기울여서 힘을 빼고 바르고
20초 셀프레벨링을 기다린 후 큐어링해주세요.

두 가지 파스텔 컬러를 사용한 하프 프렌치

Tip

호피의 중심점을 여러 색
상의 컬러 젤로 비슷한 간
격을 두고 그린다.

호피 테두리를 불규칙한
선으로 표현한다.

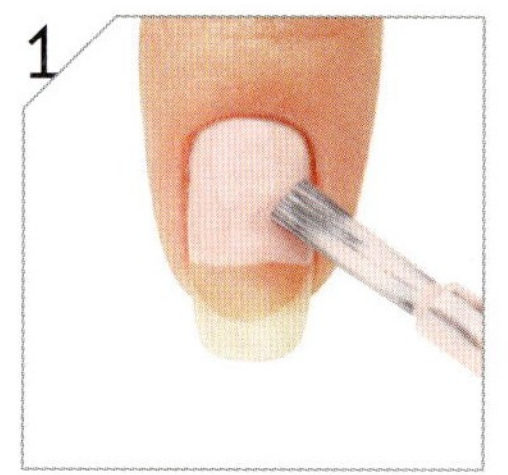

1

베이스 젤을 바르고 큐어
링한 후 분홍색 폴리시 젤
을 반 정도 바른 뒤 큐어
링하다

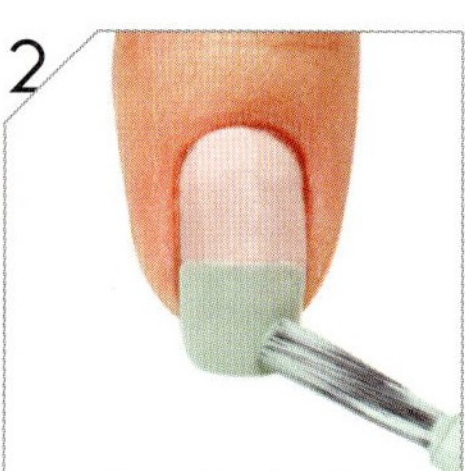

2

민트색 폴리시 젤을 나머
지 부분에 바르고 큐어링
한다.

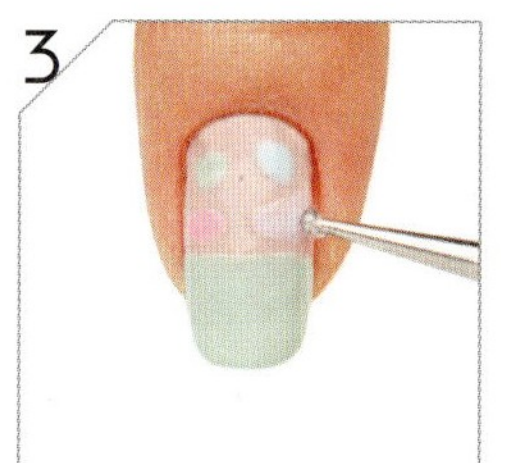

3

여러 가지 파스텔 계열 색
상의 폴리시 젤을 스틱에
묻혀 도트를 찍어준 후 큐
어링한다.

4

검은색 컬러 젤을 세필
브러시에 묻혀 도트 위에
레오퍼드 패턴을 그린 후
큐어링한다.

5

검은색 컬러 젤을 세필 브
러시에 묻혀 경계 부위에
검은색의 굵은 라인을 그
리고 큐어링한다.

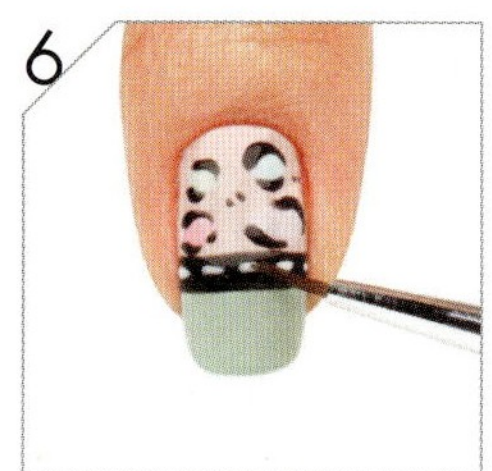

6

흰색 컬러 젤을 세필 브러
시에 묻혀 굵은 라인 중간
에 점선을 디자인하고 큐
어링한 후 탑 젤을 바른
뒤 큐어링한다.

초콜릿과 베이지를 베이스로
사선 프렌치를 연출하고
그린 레오퍼드 패턴을 연출했어요.

정열적인 레드 베이스에
럭셔리한 골드 글리터를
사용해 사선 프렌치를 연출하고
그 위에 레오퍼드
패턴을 완성했어요.

멀티 컬러의 원색적인
베이스에 강한 대비를 이루는
색상을 이용해 레오퍼드 패턴을
그래픽하게 그려 넣었어요.

화이트와 핑크 컬러를
베이스로, 털감이 살아있는
듯한 느낌의 레오퍼드
패턴을 완성했어요.

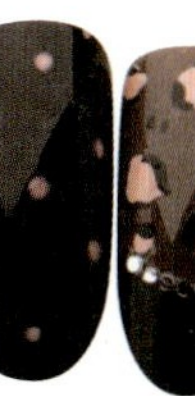

블랙과 브라운 컬러를
이용한 프렌치 아트에
도트 패턴과 스팽글을 장식해
귀여운 느낌을 더했어요.

면 분할을
이용한
그래픽 아트

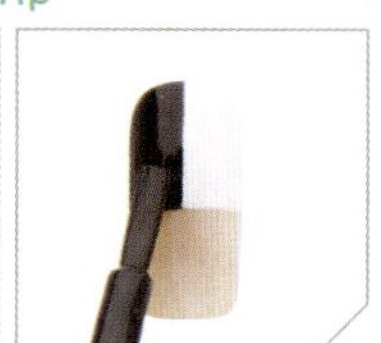

Tip

밝은 색을 먼저 발라야 라인 수정 시 편리하며 반듯한 칸을 그릴 때는 라인을 먼저 잡아주는 것이 편리하다.

미리 잡아준 라인까지 색상을 채우듯 바른다.

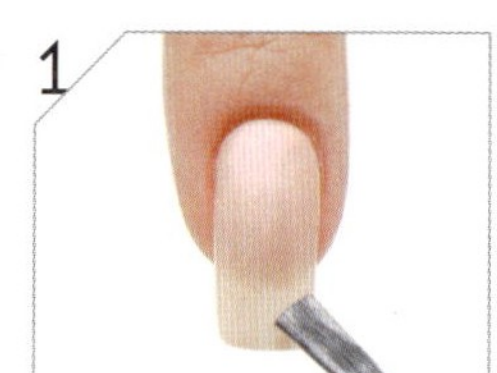

1 베이스 젤을 바르고 큐어링한 후 누드색 폴리시 젤을 전체적으로 바르고 큐어링한다.

2 흰색 폴리시 젤을 이용해 사각 모양으로 위의 반을 바른 후 큐어링한다.

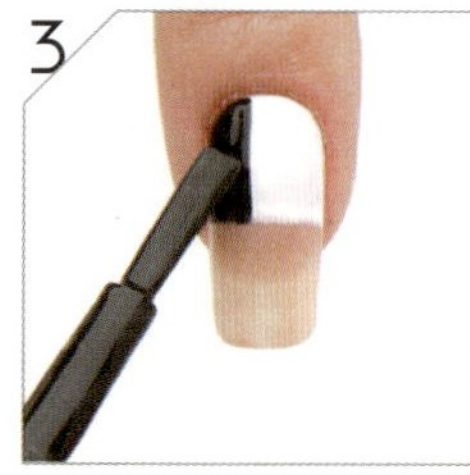

3 검은색 폴리시 젤을 이용해 반대편에 사각 모양으로 나머지 부분을 채워준 후 큐어링한다.

4 금색 폴리시 젤을 이용해 2번의 사각모양으로 아래의 반을 바른 후 큐어링한다.

5 연한 주황색 컬러 젤을 세필 브러시를 이용해 아래 사각 모양에 레오퍼드 패턴의 안 부분을 그린 후 큐어링한다.

6 갈색 컬러 젤을 세필 브러시에 묻혀 레오퍼드 패턴의 라인을 그린 후 큐어링한다.

7 글리터 젤을 세필 브러시에 묻혀 라인을 그린 후 큐어링하고 탑 젤을 바른 뒤 큐어링한다.

8 스톤을 장식한다.

Leopard

베이지와 카키 그레이 컬러를
이용해 더블 프렌치를 연출하고
와인 컬러를 이용해 레오퍼드
패턴을 완성했어요.

그레이와 화이트 컬러를 이용해
귀여운 레오퍼드 패턴과
사랑스러운 하트 프렌치를
연출했어요.

그린과 골드 컬러의
강렬한 색상 조합에 상큼한
민트 그린 컬러를 이용해
레오퍼드 패턴을 표현했어요.

와인과 레드, 연보라색을
이용한 V 프렌치에 레오퍼드
패턴을 그리고 스트라이핑
테이프로 포인트를 주었어요.

블링블링한 글리터를 이용해
멀티 컬러의 글리터 베이스를
연출하고 그 위에 블랙
컬러를 이용해 레오퍼드
패턴을 완성했어요.

Chapter 4. Basic Art

지브라 Zebra;

무지개 그러데이션

1

베이스 젤을 바르고 큐어링한 후 여러 가지 색상의 폴리시 젤을 스펀지에 묻혀 전체적으로 그라데이션을 한 뒤 큐어링한다.

2

글리터 폴리시 젤을 바른 후 큐어링한다.

3

검은색 컬러 젤을 세필 브러시에 묻혀 지브라 패턴을 그린 후 큐어링한다.

4

탑 젤을 바른 후 큐어링한다.

지브라 패턴을 디자인할 때 브러시 테크닉이 알고 싶어요. **Q & A**  브러시의 강약 조절이 중요하며 누르고 세우기를 반복하며 굵기를 조절해주세요.

테이프를 이용한 사선 프렌치

1

베이스 젤을 바르고 큐어링한 후 연보라색 폴리시 젤을 전체적으로 바르고 큐어링한다.

2

분홍색 폴리시 젤을 이용해 사선으로 프렌치를 표현한 후 큐어링한다.

3

글리터 젤을 세필 브러시에 묻혀 지브라 패턴을 그린 후 큐어링한다.

4

미경화 젤을 닦아낸 후 스트라이핑 테이프를 붙이고 탑 젤을 바른 뒤 큐어링한다.

테이프가 너무 가늘어서 제어하기가 힘들어요. 좋은 방법이 없을까요? **Q & A**  스트라이핑 테이프의 길이를 길게 잡아 붙인 후 잘라주세요.

1	2	3	4
베이스 젤을 바르고 큐어링한 후 빨간색 폴리시 젤을 전체적으로 바르고 큐어링한다.	망사를 올려놓은 후 검은색 폴리시 젤을 스펀지에 묻혀 찍는다.	검은색 컬러 젤을 세필 브러시에 묻혀 지브라 패턴의 라인을 그린 후 큐어링한다.	탑 젤을 바르고 큐어링한 후 참을 장식한다.

망사를 이용한
레드 & 블랙 메시

자연스러운 지브라 표현을 위한 라인 처리를 할 때 브러시는 어떻게 다루어야 하나요? **Q & A**  선을 그릴 때 살짝 옆으로 흔들면서 그려주세요.

1	2	3	4
베이스 젤을 바르고 큐어링한 후 누드색 폴리시 젤을 전체적으로 바르고 큐어링한다.	연보라색과 보라색 컬러 젤을 세필 브러시에 묻혀 지브라 패턴을 그린 후 큐어링한다.	글리터 폴리시 젤을 전체적으로 바른 후 큐어링한다.	탑 젤을 바르고 큐어링한 후 스톤을 장식한다.

메탈 체인을 장식한
그래픽 아트

지브라 패턴으로 표면에 질감 효과를 주고 싶은데 두껍게 바르는 게 어려워요. **Q & A**  젤의 양을 조절하거나 두 번 그려주세요.

사선 바탕의 마블링

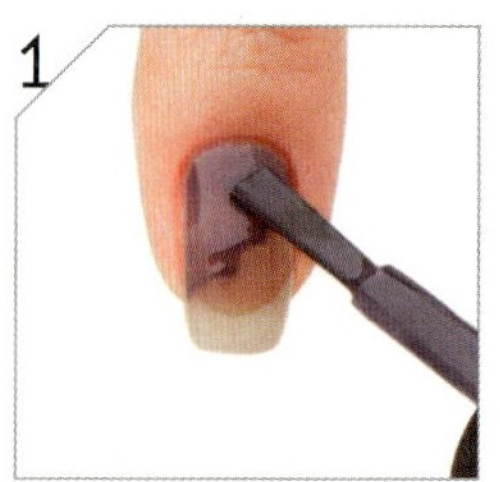

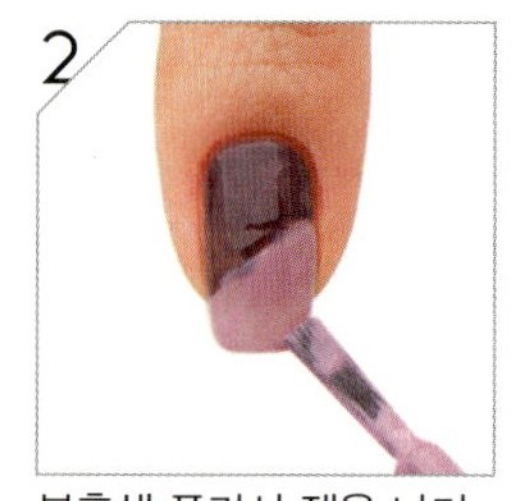

1
베이스 젤을 바르고 큐어링한 후 보라색 폴리시 젤을 반 정도 바른 후 큐어링한다.

2
분홍색 폴리시 젤을 나머지 부분에 바른 후 큐어링한다.

Tip

사선으로 지브라 라인을 그려서 중심점을 잡아야 나머지 구도를 쉽게 잡을 수 있다.

양방향으로 서로 엇갈리게 불규칙한 굵기와 길이의 지브라 라인을 그린다.

3
마블을 위해 동일하게 2회 바른다.

4
큐어링하지 않은 상태에서 흰색 컬러 젤을 깨끗한 브러시에 묻혀 사이사이에 바른다.

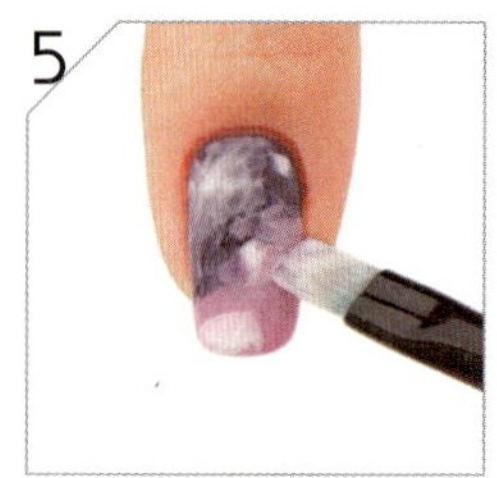

5
브러시로 펴서 경계를 없앤 후 큐어링한다.

6
세필 브러시를 이용해 지브라 패턴을 그리고 큐어링한 후 탑 젤을 바른 뒤 큐어링한다.

달콤한 슈가 프로스팅처럼
화이트 컬러를 이용해
반전 느낌의 지브라 패턴을
연출했어요.

블랙과 강렬한 애시드
핑크 컬러를 이용해 강한 컬러
대비의 사선 프렌치 지브라
패턴을 완성했어요.

밀리터리 느낌의 컬러팔레트를
이용해 지브라 패턴을
완성한 후 골드 컬러로
포인트를 더했어요.

핑크와 그린 컬러를 이용한
도트 프렌치 아트의 포인트로
블랙 & 화이트 지브라
패턴을 연출했어요.

블랙 베이스에
멀티 컬러를 이용한 지브라
패턴을 더해 비대칭 프렌치를
연출하고 메탈릭 골드 컬러로
포인트를 주었어요.

060

스팽글 장식의 3단 프렌치

1
베이스 젤을 바르고 큐어
링한 후 하늘색 폴리시 젤
을 전체적으로 바르고 큐
어링한다.

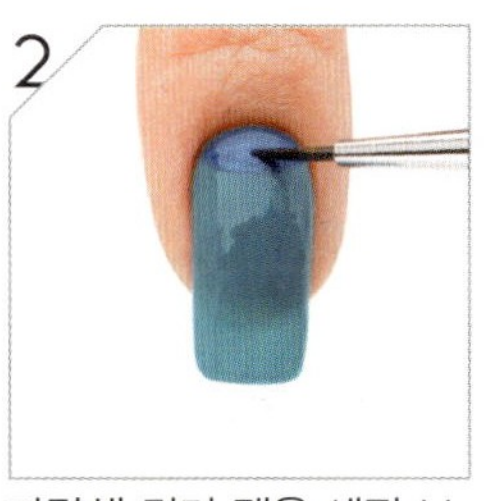

2
파란색 컬러 젤을 세필 브
러시에 묻혀 루눌라 라인
에 반달 모양을 그린 후
큐어링한다.

3
같은 색상으로 사선 브러
시를 이용해 프렌치를 그
린 후 큐어링한다.

Tip

스팽글 접착을 위해 탑 젤
을 얇게 바른다.

루눌라 라인의 여백을 두
고 아래로 흘러내리는 듯
한 디자인으로 스팽글을
붙인다.

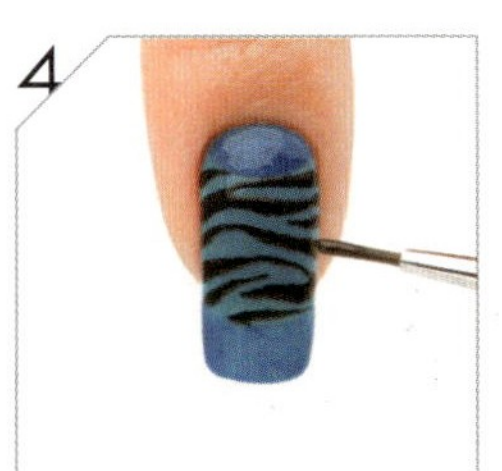

4
검은색 컬러 젤을 세필 브
러시에 묻혀 중앙 부분에
지브라 패턴을 그린 후 큐
어링한다.

5
반달과 프렌치 라인에 스
팽글을 붙인다.

6
탑 젤을 바른 후 큐어링
한다.

Zebra

핑크, 퍼플, 네온 옐로 컬러를
이용한 마블 아트와
지브라 아트 컴비네이션을
스트라이핑 테이프로
마무리했어요.

가지색 베이스에 불길을
연상시키는 레드와 옐로 컬러의
지브라 패턴과 실버 & 블랙으로
완성된 레오퍼드 패턴의
만남을 표현했어요.

태양처럼 강렬한 그러데이션
베이스에 화이트로 깔끔하게
연출된 지브라 패턴을 각종
스톤으로 완성했어요.

청동오리색과
핫 핑크 컬러를 베이스로,
그래픽한 지브라 패턴이 담긴
딥 프렌치를 연출했어요.

그레이와 옐로 컬러를
베이스로 정교한 손맛이 느껴지는
지브라 패턴을 완성했어요.

Chapter 5. Basic Art

도트 Dot;

도팅 툴이나 이쑤시개 등의 도구를 사용해 완성된 다양한
크기의 원형 패턴을 테마로 한 아트를 소개한다.

핑크 테마의
테이핑 아트

1

베이스 젤을 바르고 큐어링한 후 진분홍색 폴리시 젤을 전체적으로 바르고 큐어링한다.

2

손톱을 세로로 반을 나누어 펄감이 있는 보라색 폴리시 젤을 반만 덧바르고 큐어링한다.

3

흰색과 분홍색 폴리시 젤을 덜어내 스틱에 묻혀 크고 작은 도트를 찍어준 후 큐어링한다.

4

미경화 젤을 닦아낸 후 경계 부분에 스트라이핑 테이프를 붙이고 탑 젤을 바른 뒤 큐어링한다.

면 분할을 할 때 경계선이 매끄럽지가 않아요. **Q & A** 
흐린 색상을 먼저 바르고
진한 색으로 수정을 보며 분할해주세요.

실버 포인트의
테니스공 아트

1

베이스 젤을 바르고 큐어링한 후 짙은 녹색 폴리시 젤을 전체적으로 바르고 큐어링한다.

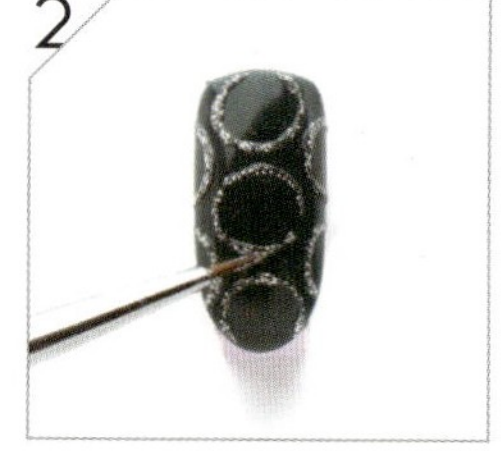

2

글리터 젤을 세필 브러시에 묻혀 큰 원을 그린다.

3

글리터 젤을 세필 브러시에 묻혀 빈 공간을 채운다.

4

탑 젤을 바른 후 큐어링한다.

완벽한 원을 그리는 방법이 알고 싶어요. **Q & A** 
상하좌우 점을 찍은 후 연결하면
완벽한 원형을 그릴 수 있답니다.

베이스 젤을 바르고 큐어
링한 후 검은색 폴리시
젤을 전체적으로 바르고
큐어링한다.

글리터 젤을 세필 브러시에
묻혀 중앙에 큰 타원형을
그린 후 큐어링한다.

여러 가지 폴리시 젤을
덜어내 스틱에 묻혀 타원
형의 라인에 큰 도트를
찍는다.

도트를 찍은 빈 공간에
작은 도트를 찍어준 후
큐어링한다. 탑 젤을 바른
후 다시 한 번 큐어링한다.

알록달록
그래픽 버블티

스틱을 사용할 때 원의 크기는 어떻게 조절하나요? **Q & A**

도트를 찍는 도구인 도팅 툴의 다양한 사이즈를 이용해
크기를 조절하거나 누르는 힘 조절에 따라 크기를
조절할 수 있어요.

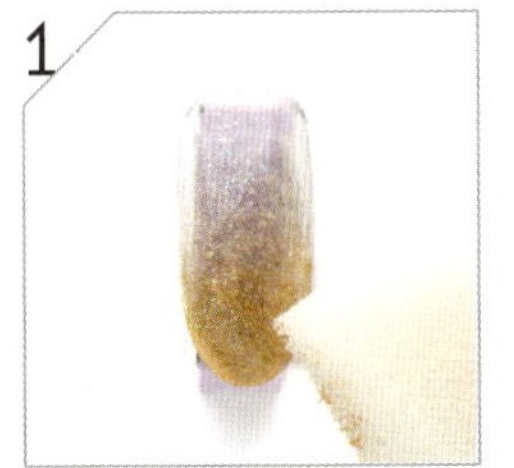
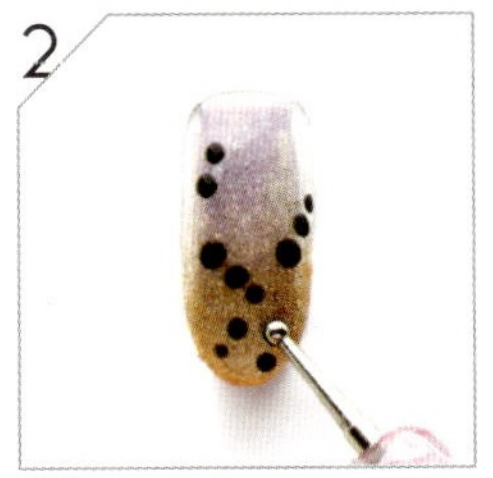

베이스 젤을 바르고 큐어
링한 후 스펀지에 금색 폴리
시 젤을 묻혀 그러데이션
을 연출한 뒤 큐어링한다.

검은색 컬러 젤을 덜어내
스틱에 묻혀 도트를 찍어
준 후 큐어링한다.

검은색 컬러 젤을 세필 브
러시에 묻혀 도트와 도트
가 연결되도록 라인을 그
린 후 큐어링한다.

검은색 도트 위에 흰색 도
트를 찍어준 후 탑 젤을
바르고 큐어링한다.

별자리 테마의
골드 프렌치

글리터 컬러를 이용한 그러데이션을 자연스럽게
완성할 수 있는 방법이 있나요? **Q & A**

스펀지보다는 브러시를 이용해 흐린 색부터
진한 색 순서로 바르면서 단차를 약간씩 주세요.

골드
포인트의
그래픽 아트

Tip

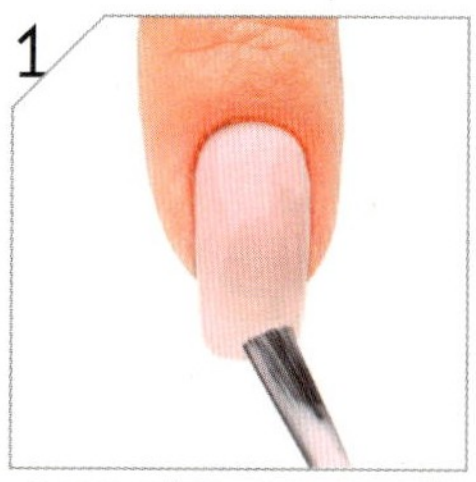

원형을 똑바로 그리기 위
해 세필 브러시를 이용해
원의 형태를 먼저 잡는다.

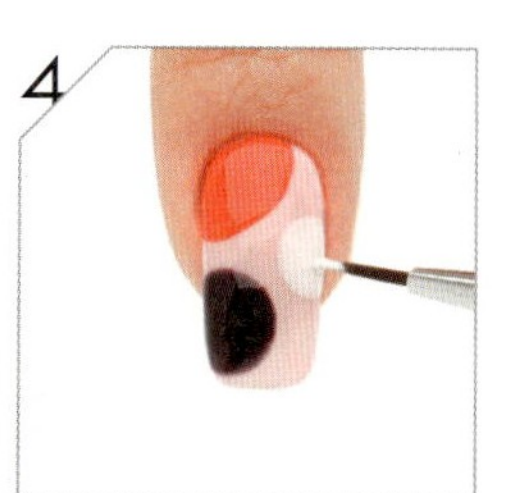

세필 브러시를 이용해 그
린 라인의 굵기와 원형의
대칭을 맞추며 조금씩 그
려 완성한다.

1

베이스 젤을 바르고 큐어
링한 후 분홍색 폴리시 젤
을 전체적으로 바르고 큐
어링한다.

2

빨간색 폴리시 젤을 세필
브러시에 묻혀 큐티클 라
인에 반원을 그린 후 큐어
링한다.

3

보라색 폴리시 젤을 세필
브러시에 묻혀 큰 원을 그
린 후 큐어링한다.

4

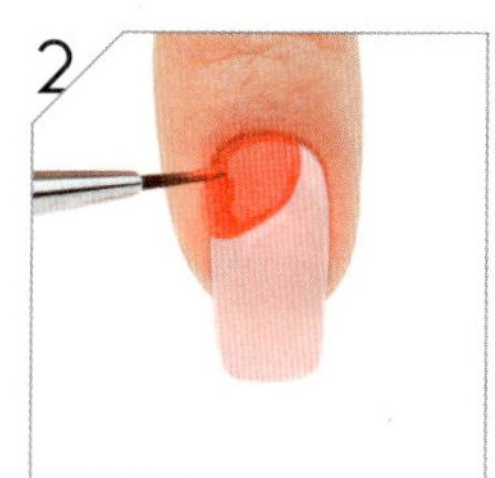

여백에 흰색 폴리시 젤을
세필 브러시에 묻혀 원을
그린 후 큐어링한다.

5

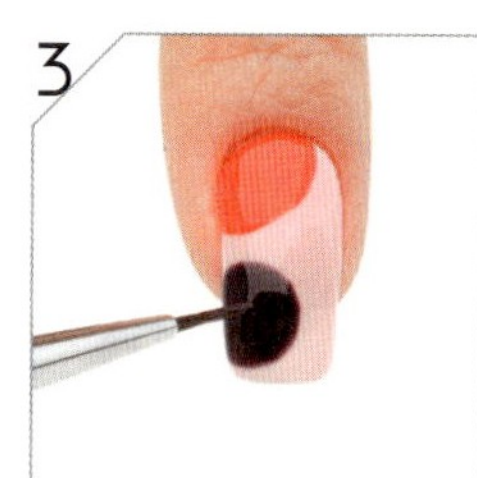

글리터 젤을 세필 브러시
에 묻혀 원을 그린 후 큐어
링한다.

6

탑 젤을 바르고 큐어링한
후 참을 장식한다.

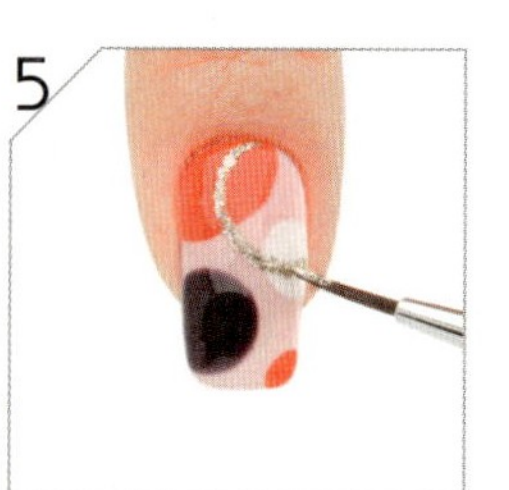

달콤한 핑크와 블랙을
이용한 프렌치 아트에 도트와
둥근 스톤을 연출했어요.

화이트 베이스에 상큼한
체리 모티브를 스톤을 이용해
연출하고 블랙 폴카 도트를
배경으로 완성했어요.

옐로와 네이비 컬러를 이용한
베이스에 도트 패턴으로
그래픽한 느낌을 더했어요.

그레이 컬러의 베이스에
커다란 도트 그려 넣고
별 모티브의 스티커와 스팽글을
장식해 귀여운 느낌을
연출했어요.

톤온톤 블루 컬러를 이용해
면 분할을 연출하고
귀여운 폴카 도트 패턴을
부분적으로 장식했어요.

레이스 장식의 사선 프렌치

Tip

도트를 중앙에 찍어서 중심을 맞추고 대각선으로 간격에 맞게 도트를 찍어 구도를 맞춘다.

도트를 찍을 때 수직으로 찍어주어야 번지지 않는다.

1

베이스 젤을 바르고 큐어링한 후 누드색 폴리시 젤을 전체적으로 바르고 다시 한 번 큐어링한다.

2

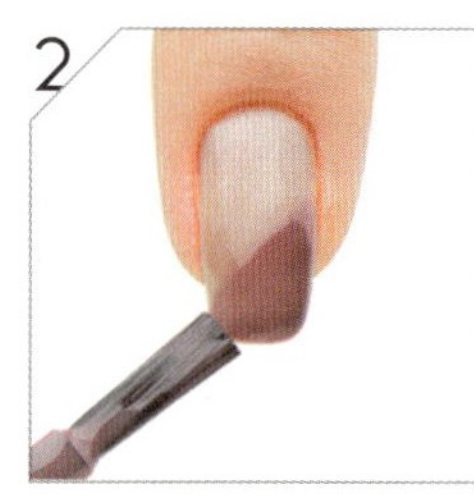

연보라색 폴리시 젤을 이용해 사선 프렌치를 그린 후 큐어링한다.

4

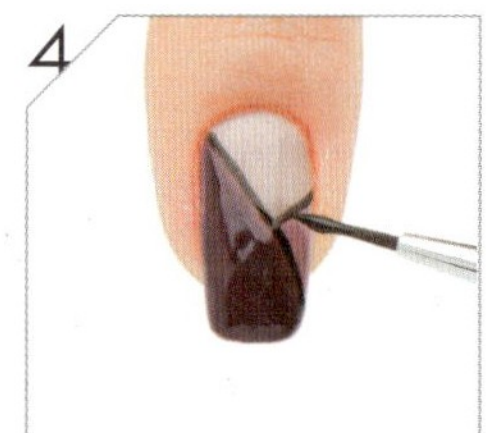

검은색 폴리시 젤을 세필 브러시에 묻혀 프렌치 라인에 라인을 그린 후 큐어링한다.

3

보라색 폴리시 젤을 이용해 반대편에 깊은 사선 프렌치를 그린 후 큐어링한다.

5

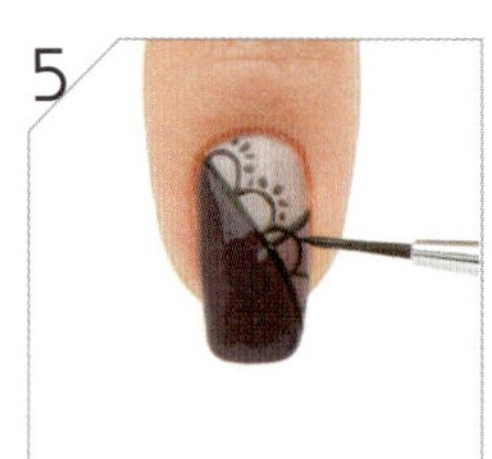

검은색 폴리시 젤을 세필 브러시에 묻혀 레이스 패턴을 그린 후 큐어링한다.

6

검은색 폴리시 젤을 스틱에 묻혀 도트를 찍어주고 큐어링한 후 탑 젤을 바른 뒤 큐어링한다.

멀티 컬러를 이용한 더블 프렌치
도트 아트에 골드 스팽글과
젤 라이너로 포인트를 주었어요.

가을을 연상시키는 브라운
계열의 그러데이션 베이스에
블랙과 화이트 도트를 장식하고
홀로그램 글리터를 더했어요.

그린과 파스텔 그린 컬러를
이용한 프렌치 아트에
블랙 도트 패턴을 장식하고
나머지 부분에 홀로그램
글리터를 채워주었어요.

상큼한 레몬 옐로 베이스에
멀티 컬러를 이용해
다양한 크기의 도트 패턴을
완성했어요.

핑크와 펄감이 있는
퍼플 컬러를 이용해
사선 프렌치를 완성하고
화이트 컬러로 크고
작은 도트 패턴을 더했어요.

Point! 그러데이션 젤 아트

그러데이션 코너에서 배운 테크닉 하나만으로도
파티 무드의 화려한 글리터 젤 네일을 완성할 수 있어요.

글리터를 이용한
펄 그러데이션

Tip

1 클리어 젤과 글리터를 1:1 비율로 섞어준다.

2 베이스 젤을 바른 후 큐어링한다.

3 가장 작은 입자의 글리터를 손톱 2/3 정도까지 펴 바른 후 큐어링한다.

4 중간 입자의 글리터를 작은 입자의 글리터와 자연스럽게 연결되도록 바르고 큐어링한다.

5 가장 큰 입자의 글리터를 손톱 끝부분 1/3 정도에 붙여준다는 느낌으로 올리고 큐어링한다.

6 손톱 끝 프리 에지와 표면에 글리터가 튀어나오지 않도록 주의하고 표면 상태에 따라 탑 젤을 2~3회 바른 후 큐어링해 고르게 만든다.

폴리시 젤 위에 글리터 그러데이션

1 베이스 젤을 바른 후 큐어링한다.

2 폴리시 젤을 2~3회 얇게 반복해서 바르고 큐어링한다.

3 글리터의 접착을 위해 소량의 탑 젤을 바른 후 글리터를 담은 글리터 파우더를 손톱 끝부분에 자연스럽게 연결이 되도록 뿌려준다.

4 탑 젤을 바른 후 큐어링한다.

자개를 이용한 펄 그러데이션

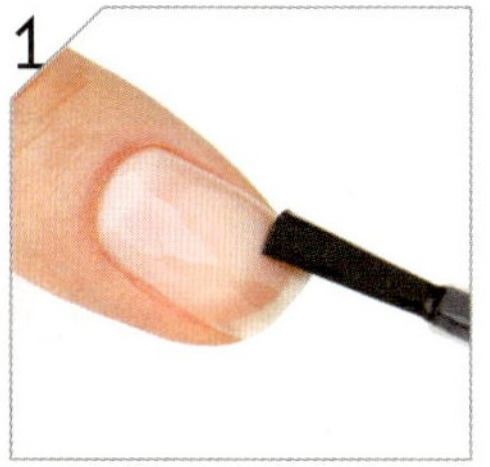

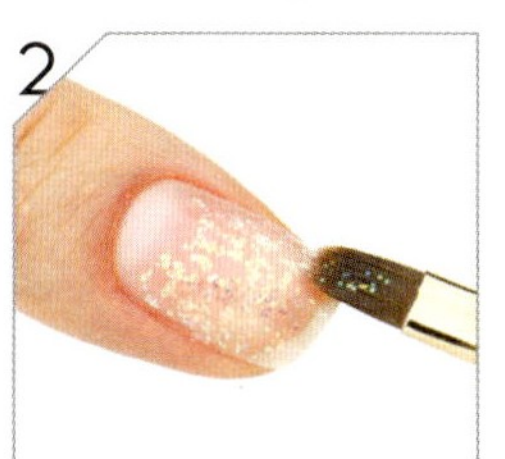

1 베이스 젤을 바른 후 큐어링한다.

2 가장 작은 입자의 글리터를 손톱 2/3 정도까지 펴 바른 후 큐어링한다.

3 브러시에 클리어 젤을 묻혀 자개를 떠서 손톱 끝부분에 올린다.

4 오렌지 우드스틱을 이용해 뭉친 자개를 펴준다.

5 자연스러운 느낌을 위해 자개 색상과 비슷한 색상의 굵은 글리터를 사이사이에 펴 바르고 큐어링한다.

6 손톱 표면의 굴곡을 확인 후 클리어 젤을 너무 두껍지 않게 덮어준다.

7 미경화 젤을 닦아내고 샌딩 블록을 이용해 표면을 매끄럽게 만든다.

8 탑 젤을 바른 후 큐어링한다.

놀러와! NUNA네일카페로!

www.nunanail.com

전문가가 알려주는 정확한 네일아트에 대한 정보와 지식을 전파하고자 2011년 개설한 카페 누나네일은 '누구나 네일아트를 좋아하는 사람'을 위한 커뮤니티로, 서로 정보를 공유할 수 있는 공간이다. 또한 전문가들이 소개하는 다양한 기법의 네일아트부터 최신 네일 트렌드 정보까지 다채로운 테마의 정보를 알려주고 있다. 얼마 전부터 누나네일카페 회원들에게 더욱 정확한 정보를 전해주기 위해 초보자와 전문가를 위한 코너를 따로 분리해 운영 중이다. 특히 가장 추천하고 싶은 코너는 '네일아트 따라하기'! 스타들의 최신 젤 아트 스타일부터 카페 회원들이 원하는 네일 스타일을 선보이고 있다. 스텝바이스텝을 통해 초보자들도 쉽게 따라할 수 있는 것에 초점을 맞췄다. 네일아트 따라하기 동영상 코너 역시 최근 들어 조회수가 늘고 있어 앞으로 다양한 네일아트 동영상을 업데이트 할 예정이다.

누나네일카페에서 조회수가 높은 작품 베스트 3
The Most Viewed Nail Art

애니멀 아트 Animal Art

애니멀 아트는 크로커다일, 레오퍼드, 지브라, 지라프 등 동물 고유의 패턴을 모티브로 표면에 질감을 더한 아트를 통칭합니다. 섹시하면서 독특한 아트에 열광하는 마니아들이 좋아해요.

마블 아트 Marble Art

대리석 아트는 젤의 특징을 가장 쉽고 간단하게 돋보이게 할 수 있는 아트이기 때문에 초보자에서부터 전문가에게 인기가 많은 디자인이지요.

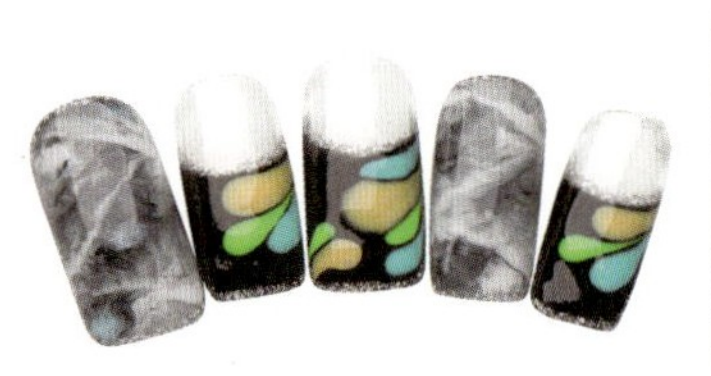

젤 플라워 아트 Gel Flower Art

수채화 느낌의 여성스러운 감성을 살린 꽃 그림 기법으로 투명하고 은은한 느낌을 주는 아트를 완성할 수 있어요.

여정순은 현재 경력 14년차의 네일아티스트로서 각종 네일 대회의 자격 심사위원, 아카데미 교육 강사, 누나네일카페 원장 등 다방면으로 활발하게 활동 중인 네일 뷰티 전문가다. 그녀는 최근 젤이 대중화되면서 누구나 젤 네일아트를 쉽고 재미있게 배울 수 있는 길을 모색하가 일반인들이 젤에 대한 전문가들의 조언을 들을 수 있는 공간인 '누나네일' 온라인 카페(www.nunanail.com)를 열었다. 네일 카페를 운영하기 위해 전문적으로 사진까지 배우는 열정을 보인 그녀는 국내에 젤에 대한 전문 서적이 없어 일본 책에 의지하고 있는 현실을 늘 안타까워해왔다. 이를 위해 오랫동안 함께 네일아티스트의 길을 걸어온 동료이자 친구인 김수현, 문경민과 함께 4개월 동안 고심하며 작업한 끝에 185가지의 젤 네일 아트와 젤에 대한 실용적인 정보가 담긴 책 〈젤 네일아트의 모든 것〉을 출간하게 되었다.

sooniiz@naver·com

김수현은 12년차 경력의 프로 네일아티스트다. 그녀는 네일이라는 세계에 눈을 뜬 순간부터 네일 분야의 무한한 가능성을 인지, 오랜 디자이너의 꿈을 버리고 네일아티스트로서의 길을 선택했다. 현재 한국네일미용사회 이사, 한국네일미용사회 자격 심사위원 등 다양한 네일 대회의 심사위원으로 활동하고 있는 그녀는 〈홈케어 네일아트〉 〈네일아트 미학〉 등의 네일 관련 실용서적 집필에도 참여해왔다.

nailksh@naver·com

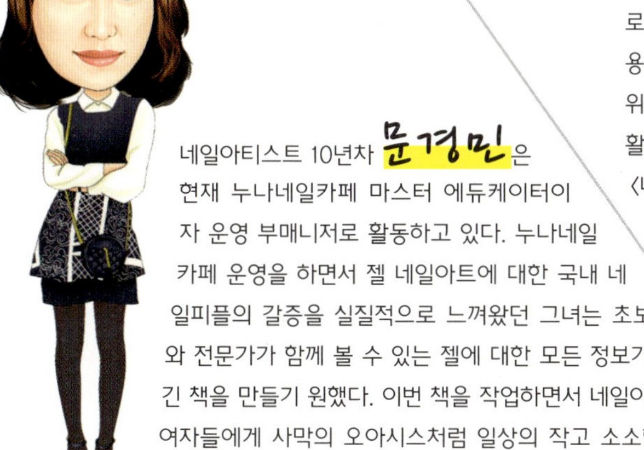

네일아티스트 10년차 **문경민**은 현재 누나네일카페 마스터 에듀케이터이자 운영 부매니저로 활동하고 있다. 누나네일 카페 운영을 하면서 젤 네일아트에 대한 국내 네일피플의 갈증을 실질적으로 느껴왔던 그녀는 초보와 전문가가 함께 볼 수 있는 젤에 대한 모든 정보가 담긴 책을 만들기 원했다. 이번 책을 작업하면서 네일아트는 여자들에게 사막의 오아시스처럼 일상의 작고 소소한 기쁨을 주는 일임을 다시 한 번 깨달았다는 그녀. 문경민은 앞으로도 사람들에게 힐링을 선사하는 네일아티스트가 되고 싶다고 전한다.

ddalki1226@naver·com

응용편은 뒤로 돌려보십시오

기초편은
뒤로 돌려보십시오